计算机应用基础

——"教·学·做"—体化

主　编　文其知　　潘　彪

副主编　曾　阳　　唐　娟
　　　　曾　麒　　黄颖杰

主　审　伍守意

电子工业出版社

Publishing House of Electronics Industry

北京·BEIJING

内 容 简 介

本书分为7章，内容包括计算机基础知识、Windows XP操作系统基础、Word 2003文字处理、Excel 2003电子表格的使用、PowcrPoint 2003演示文稿、计算机网络与Internet、常用软件的应用。本书将理论知识和操作技能融为一体，注重实际操作的章节内容先用案例分析引导，以此提出问题和任务，然后再对理论知识和操作技巧进行详细讲解。在教材编写的过程中，内容编排采取由浅入深、循序渐进的方式，尽量突出适用性、实用性和新颖性。

本书适合作为普通大专院校、高等职业院校和成人大专院校专科层次的计算机基础课程教材，也可作为全国计算机等级考试和自学考试用书。

图书在版编目（CIP）数据

计算机应用基础——"教·学·做"一体化 / 文其知，潘彪主编. —北京：电子工业出版社，2011.9
（21 世纪高等职业教育计算机系列规划教材）

ISBN 978-7-121-14239-0

Ⅰ. ①计… Ⅱ. ①文… ②潘… Ⅲ. ①电子计算机－高等职业教育－教材 Ⅳ. ①TP3

中国版本图书馆 CIP 数据核字(2011)第 153798 号

策划编辑：徐建军（xujj@phei.com.cn）
责任编辑：郝黎明　　文字编辑：裴　杰　　特约编辑：李云霞
印　　刷：三河市鑫金马印装有限公司
装　　订：
出版发行：电子工业出版社
　　　　　北京市海淀区万寿路 173 信箱　邮编 100036
开　　本：787×1092　1/16　印张：14.75　字数：377.6 千字
印　　次：2011 年 9 月第 1 次印刷
印　　数：4000 册　　定价：32.00 元

前　言

计算机技术作为当今世界发展最快、应用最广泛的科学技术，其应用已渗透到人们的生活和工作的各个领域，并且发挥着越来越重要的作用。掌握计算机基本知识已成为当代人的普遍需求，操作、使用计算机已经成为社会各行各业劳动者必备的基本技能。

目前，用于高职计算机基础教育的教材繁多，但大多存在以下问题，一是过多注重对知识点和操作方法的陈述，而对知识的实际应用和学生技能训练没有引起足够重视，不能激发学生的学习兴趣，影响学习效果；二是对于自动生成目录、表格中的各种数据处理技巧、组建家庭和办公网络实现资源共享等很多简单易学的实用技术基本不涉及；三是不能很好地适应各类专业和不同基础学生的需求；四是不能很好地满足计算机技能等级考试的需要。因此，我们组织了一批长期从事计算机应用基础教学的教师编写了本书，力求体现以下几个特色：

（1）案例引导，任务驱动。从案例入手，引出问题，提出任务。让读者带着问题和任务去主动学习，强化技能训练，从而达到提高学习兴趣、增强学习效果的目的。

（2）便于教学，适用性好。精选经典案例和习题，知识点广而不泛，深入浅出。既便于教师组织教学，又方便学生自学，同时能满足各类学生的不同需求。

（3）内容新颖，实用性强。增加了自动生成目录、表格中的各种数据处理技巧、组建家庭和办公网络实现资源共享等很多实用技术。通过对本书的学习，可解决很多工作、生活中经常遇到的实际问题。

本书由湖南理工职业技术学院信息工程系主任文其知副教授和湖南水利水电职业技术学院计算机教研室主任潘彪主编，由湖南水利水电职业技术学院伍守意副教授主审。其中，第1章和第6章由湖南理工职业技术学院文其知和曾麒编写，第2章和第5章由湖南水利水电职业技术学院潘彪编写，第3章由湖南理工职业技术学院唐娟编写，第4章由湖南水利水电职业技术学院曾阳和黄颖杰编写，第7章由湖南水利水电职业技术学院彭和平编写，此外，参加本书编写的还有刘晴晖、郭滔、文立、汤双权、洪钟、肖爽、唐姗等。

为了方便教师教学，本书配有电子教学课件，请有此需要的教师登录华信教育资源网（www.hxedu.com.cn）免费注册后进行下载，有问题时可在网站留言板留言或与电子工业出版社联系（E-mail:hxedu@phei.com.cn）。

由于编者的水平有限，加之编写时间仓促，书中难免有错误和不妥之处，恳请各位读者和专家给予批评指正。

编　者

目 录

第 1 章

计算机基础知识

 **知识目标:**

- 了解计算机的产生、发展、特点、分类及应用
- 了解计算机系统的工作原理和组成
- 了解常用的计算机操作系统
- 了解计算机的使用和日常维护常识
- 了解计算机安全知识

 **技能目标:**

- 能够识别计算机的硬件设备,并掌握它们的基本功用
- 能够正确使用软驱、光驱和 U 盘
- 能够正确开机和关机
- 能够正确使用鼠标和键盘,并完成简单的中、英文输入
- 能够正确使用防病毒软件保护系统

计算机是人类社会 20 世纪最伟大的发明之一,也是发展速度最快的一门技术。它从诞生之日起,就以迅猛的速度发展并渗入各行各业,在不同的领域发挥着巨大的作用。现在,计算机已成为人类工作和生活中不可缺少的工具,它已由最初的计算工具,逐步演变为适用于许多领域的信息媒体处理设备。

本章将通过对计算机的产生和发展、计算机的特点和应用、信息技术基础知识的学习,使读者对计算机及信息技术有一个初步的了解。

1.1 计算机概述

1.1.1 计算机的产生

计算机的产生是 20 世纪最重要的科学技术事件之一。美国宾夕法尼亚大学经过几年的艰苦努力,于 1946 年 2 月研制出世界上第一台电子计算机——埃尼阿克(ENIAC),如图 1-1

所示。

+ 占地170m²
+ 重达30t
+ 18 000个电子管
+ 70 000个电阻
+ 10 000个电容
+ 1 500个继电器
+ 6 000多个开关
+ 运算速度5 000次/秒
+ 功耗150kW/h

图 1-1　ENIAC

1.1.2　计算机的发展

根据计算机所采用的逻辑元件（电子器件）的不同，其发展过程可以分为 5 个阶段。

第一代（1946—1957 年），电子管计算机：基本逻辑电路由电子管组成，结构上以 CPU 为中心，使用机器语言，速度慢，存储量小，主要用于数值计算。

第二代（1957—1964 年），晶体管计算机：基本逻辑电路由晶体管电子元件组成，结构上以存储器为中心，使用高级语言，应用范围扩大到数据处理和工业控制。

第三代（1964—1970 年），中小规模集成电路计算机：基本逻辑电路由中小规模集成电路组成，结构上仍以存储器为中心，增加了多种外部设备，软件得到进一步发展，计算机处理图像、文字和资料的功能加强。

第四代（1971 年以后），大规模、超大规模集成电路计算机：基本逻辑电路由大规模、超大规模集成电路组成，该阶段的计算机应用更加广泛，出现了微型计算机。

第五代（研究当中），当前第五代计算机的研究领域大体包括人工智能、系统结构、软工程和支援设备，以及对社会的影响等。人工智能的应用将是未来信息处理的主流，因此，第五代计算机的发展必将与人工智能、知识工程和专家系统等研究紧密相连，并为其发展提供新基础。目前，电子计算机的基本工作原理是先将程序存入存储器中，然后按照程序逐次进行运算。这种计算机是由美国物理学家冯·诺伊曼首先提出理论和设计思想的。第五代计算机系统结构将突破传统的诺伊曼机器的概念。这方面的研究课题应包括逻辑程序设计机、函数机、相关代数机、抽象数据型支援机、数据流机、关系数据库机、分布式数据库系统、分布式信息通信网络等。

1.1.3　计算机的应用

早期的计算机主要应用于科学计算领域，随着计算机技术、通信技术和软件技术的迅速发展，计算机应用领域不断扩大，已经深入人类社会活动的各个领域。归结起来，主要有如下几个方面：

（1）科学和工程计算领域。以数值计算为主要内容，数值计算要求计算速度快、精确度高、差错率低。主要应用于天文、水利、气象、地质、医疗、军事、航天航空、生物工程等科学研究领域，如卫星轨道计算、数值天气预报、力学计算等。

（2）数据处理领域。以数据的收集、分类、统计、分析、综合、检索、传递为主要内容。主要应用于政府、金融、保险、商业、情报、地质、企业等领域，如银行业务处理、股市行情分析、商业销售业务、情报检索、电子数据交换、地震资料处理、人口普查、企业管理等。

（3）办公自动化领域。以办公事务处理为主要内容。主要应用于政府机关、企业、学校、医院等一切有办公机构的地方，如起草公文、报告、信函，制作报表，文件的收发、备份、存档、查找，活动的时间安排，大事件的记录，人员动向，简单的计算，统计，内部和外部的交往等。

（4）自动控制领域。以自动控制生产过程、实时过程、军事项目为主要内容。主要应用于工业企业、军事、娱乐等领域，如化工生产过程控制、炼钢过程控制、机械切削过程控制、防空设施控制、航天器控制、音乐喷泉控制等。

（5）计算机辅助领域。以在工程设计、生产制造等领域辅助进行数值计算、数据处理、自动绘图、活动模拟等为主要内容。主要应用于工程设计、教学和生产领域，如辅助设计（CAD）、辅助制造（CAM）、辅助教学（CAI）、辅助工程（CAE）、辅助检测（CAT）等。特别是近年来的 CIMS，集成了 CAD、CAM、MIS，应用到工厂中实现了生产自动化。

（6）人工智能领域。以模拟人的智能活动、逻辑推理和知识学习为主要内容。主要应用于机器人的研究、专家系统等领域，如自然语言理解、定理的机器证明、自动翻译、图像识别、声音识别、环境适应、电脑医生等。

（7）文化娱乐领域。以计算机音乐、影视、游戏为主要内容，如家庭影院等。

另外，计算机在电子商务、电子政务等应用领域也得到了快速的发展。网上办公、网上购物已不再是陌生的话题，这些应用都极大地方便了人们的工作和生活，一种崭新的生活、工作模式正在兴起。

1.1.4 计算机的发展趋势

当前计算机的发展趋势可以概括为四化，即巨型化、微型化、网络化和智能化。

（1）微型化。芯片的集成度越来越高，计算机的元器件越来越小，从而使得计算机的计算速度快、功能强、体积小、价格低。

（2）巨型化。为了满足尖端科学技术、军事、气象等领域的需要，计算机也必须向超高速、大容量、强功能的巨型化方向发展，巨型机的发展集中体现了计算机技术的发展水平。

（3）网络化。计算机网络可以实现资源共享，资源包括了硬件资源，如存储介质、打印设备等，还包括软件资源和数据资源，如系统软件、应用软件、各种数据库等。

（4）智能化。智能化是未来计算机发展的总趋势。这种计算机除了具备现代计算机的功能之外，还要具备在某种程度上模仿人的推理、联想、学习等思维的功能，并具有声音识别、图像识别的能力。

1.2 计算机系统概述

1.2.1 计算机的工作原理

半个世纪以来，计算机已发展成为一个庞大的家族，尽管各种类型计算机的性能、结构、应用等方面存在着差别，但是它们的基本组成结构却是相同的。

现在我们所使用的计算机硬件系统的结构一直沿用由美籍著名数学家冯·诺伊曼提出的模型，它由运算器、控制器、存储器、输入设备、输出设备 5 大功能部件组成。随着信息技术的发展，各种各样的信息，如文字、图像、声音等经过编码处理，都可以变成数据，于是，计算机就能够实现对多媒体信息的处理，如图 1-2 所示。

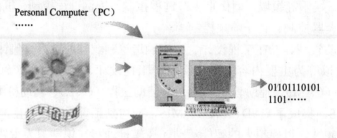

图 1-2 信息转换成数据的示意图

各种各样的信息，通过输入设备进入计算机的存储器，然后被送到运算器，运算完毕后把结果送到存储器存储，最后通过输出设备显示出来，整个过程由控制器进行控制。计算机的整个工作过程及基本硬件结构如图 1-3 所示。

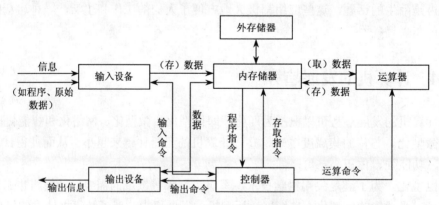

图 1-3 计算机的整个工作过程及基本硬件结构

1.2.2 计算机的体系结构

计算机系统由硬件系统和软件系统两部分组成。硬件是物质基础，是软件的载体，两者相辅相成，缺一不可。

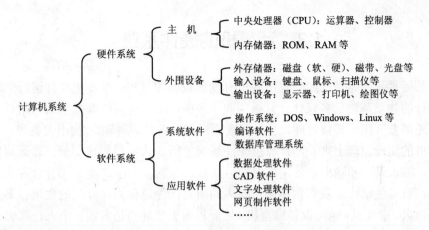

硬件系统通常指机器的物理系统，是看得见、摸得着的物理器件，它包括计算机主机及其外围设备。

软件系统通常又称为程序系统，它包括程序本身和运行程序时所需要的数据或相关的文档资料。

一个完整的计算机系统是由硬件系统和软件系统两部分组成的。硬件系统是组成计算机系统的各种物理设备的总称，是计算机系统的物质基础，如 CPU、存储器、输入设备、输出设备等。只拥有硬件系统的计算机又称为裸机，裸机只能识别由 0 和 1 组成的机器代码。软件系统是为运行、管理和维护计算机而编制的各种程序、数据和文档的总称。没有软件的计算机是不能有效地工作的，有了软件的计算机才能存储、处理和检索信息。

在计算机系统中，对于软件和硬件的功能没有一个明确的分界线。软件实现的功能可以用硬件来实现，称为硬化或固化，例如，计算机的 ROM 芯片就是固化了系统的引导程序。同样，硬件实现的功能也可以用软件来实现，称为硬件软化，例如，在多媒体计算机中，视频卡用于对视频信息的处理。现在计算机的功能一般通过软件来实现。

1.2.3 计算机系统的分类

微型计算机的产生与发展，形成了它独特的分类。

（1）按组成结构分类。根据微型计算机的 CPU、内存、I/O 接口和系统总线组成部件所在的位置可分为单片机和单板机。

- **单片机**：各组成部分集成在一个超大规模芯片上，具有体积小、功耗低、控制功能强、扩展灵活、微型化和使用方便等优点，广泛应用于控制、仪器仪表、通信、家用电器等领域。单片机的应用属于芯片级应用。
- **单板机**：各组成部分集成在一块印刷电路板上，其结构简单、价格低廉、性能较好，常用于过程控制或作为仪器仪表的控制部件。由于单板机易于使用、便于学习，所以普遍将其作为学习微型计算机原理的实验机型。

（2）按用途分类。微型计算机按用途可分为台式机、便携式计算机、手持式计算机等。

1.3 计算机的硬件系统

计算机的硬件系统是指构成计算机的所有物理设备的总和，是各类软件运行的环境，是应用软件运行的物质基础。多媒体计算机的硬件系统，除了需要较高配置的通用计算机主机硬件以外，还需要音频、视频处理设备，光盘驱动器，各种媒体输入/输出设备等。

从计算机的组成原理上来看，计算机硬件系统包括 5 大主要组成部分，即运算器、控制器、存储器、输入设备和输出设备，其中，运算器、控制器、存储器 3 部分合称为计算机的主机。但是在日常生活中，我们常将主机箱内的所有部件总称为计算机的主机。多媒体计算机主机可以是大、中型机，也可以是微型机，然而目前更普遍的是多媒体个人计算机，即 MPC（Multimedia Personal Computer）。

（1）运算器。运算器也称为算术/逻辑单元（ALU，Arithmetic/Logic Unit），是执行算术运算和逻辑运算的功能部件。

（2）控制器。控制器是计算机的指挥中心，它的主要功能是按照预先确定的操作步骤，控制计算机各部件协调一致地自动工作。

运算器和控制器合在一起称为中央处理器（CPU，Central Processing Unit），各种型号的 CPU 如图 1-4 所示。CPU 是计算机的核心，主要实现科学计算和数据处理的功能，相当于人体大脑的功能。

图 1-4 各种型号的 CPU

目前，全球生产 CPU 的厂家主要有 Intel 公司和 AMD 公司。Intel 领导着 CPU 的世界潮流，从 286、386、486、Pentium、Pentium II、Pentium III、Pentium 4 到现在主流的双核处理器，它始终推动着微处理器的更新换代。Intel 公司的 CPU 不仅性能出色，而且在稳定性、功耗方面都十分理想，大约占据了 80% 的 CPU 市场份额。

AMD 公司是唯一能与 Intel 公司竞争的 CPU 生产厂家，AMD 公司的产品现在已经形成了以 Athlon XP 及 Duron 为核心的一系列产品。AMD 公司认为，由于在 CPU 核心架构方面的优势，同主频的 AMD 处理器具有更好的整体性能。但 AMD 处理器的发热量往往比较大，选用时在系统散热方面应多加注意，在兼容性方面可能也需要多打些补丁。AMD 公司产品的特点是性能较高且价格便宜。

（3）主板。主板是微型计算机中最大的一块集成电路板，是微型计算机中各种设备的连接载体。微型计算机中通过主板将 CPU 等各种器件和外部设备有机地结合起来，形成一套完整的系统。常见的系统主板如图 1-5 所示。

图 1-5　常见的系统主板

（4）存储器。存储器是计算机用来存储信息的重要功能部件，包括内部存储器和外部存储器两种。

① 内部存储器。内部存储器的种类很多，这里主要介绍随机存取存储器（RAM, Random Access Memory）。RAM 俗称内存，是计算机系统必不可少的基本部件。CPU 需要的数据信息要从内存读出来，CPU 运行的结果也要暂时存储到内存中，CPU 与各种外部设备联系也要通过内存才能进行，内存在计算机中担任的任务就是"记忆"。它的主要优点是速度快，缺点是不适合长久保留信息。现在常规个人计算机的内存容量大小为 512MB、1GB、2GB、4GB。将多个内存芯片集成到一块扁长条状的电路板上就构成了我们常说的内存条，各种类型的内存条如图 1-6 所示。

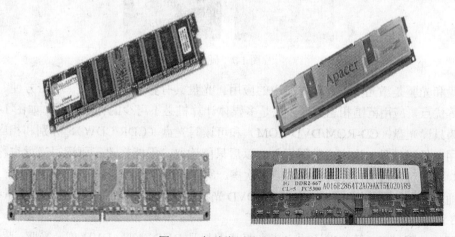

图 1-6　各种类型的内存条

RAM 中的数据可以由用户进行修改，关闭计算机电源，其中存储的数据将全部消失，其功效类似于在黑板上写字，可写可擦。我们平常所说的内存容量就是 RAM 的容量。

在计算机的内存容量单位里，1 个二进制的单位是 bit，8 个二进制位称为一个字节（B，Byte）。字节是计量内存容量的基本单位，其他的单位还有 KB、MB、GB、TB，它们的转换公式如下：

字节　1 B=8 bit

千字节　1 KB =1 024 B

兆字节　1 MB =1 024 KB

吉字节　1 GB =1 024 MB

太字节　1 TB =1 024 GB

内存的容量直接影响计算机的性能，PC 系列的内存容量由早期的 640KB 发展到 32MB、64MB、128MB、256MB、512MB、1GB、2GB，甚至 4GB。

内存的主要生产厂商分布在美国、日本、韩国和中国台湾，主要品牌有 Kingston（金士顿）、Kingmax（胜创）、Fujitsu（富士通）、Hitachi（日立）、Toshiba（东芝）、Samsung（三星）、Goldstar（金星）、Hyundai（韩国现代）等。

② 外部存储器。外部存储器通常由电、磁材料做成，主要包括磁盘和光盘，磁盘包括硬盘和 U 盘。

硬盘与其他存储介质相比，速度快、容量大，是计算机中最主要的存储设备，如图 1-7 所示。硬盘是介于内存和软盘之间的产品，速度比较快，存储容量大，操作系统和大量的后备数据都保存在硬盘上，是使用最多的存储器。目前，市场上常见的硬盘品牌有希捷（Seagate）、IBM、迈拓（Maxtor）、三星、日立、西部数据（WD），容量为 160GB、250GB、320GB、500GB、640GB、750GB、1TB、1.5TB、2TB 或更大。

图 1-7　硬盘

光盘和光驱是激光技术在计算机中的应用。光盘具有存储信息量大、携带方便、可以长久保存等优点，应用范围相当广泛，也是多媒体计算机必不可少的存储介质，如图 1-8 所示。光盘分为只读光盘（CD-ROM/DVD-ROM）和可读写光盘（CDR/CDW），分别和相应的光驱配套使用。只读光盘一次完成数据写入，以后只能读取，不能修改；可读写光盘也称为可擦写光盘，可以对光盘的内容进行一次或多次擦、写。

普通 CD 光盘的容量为 650～700MB，DVD 光盘的容量为 4.7GB，蓝光光盘的容量有 25GB 和 50GB 两种，保存时间为几十年甚至百年。

光驱的品牌较多，目前市场的主流光驱基本都是 DVD 光驱、DVD 刻录光驱、蓝光光驱、蓝光刻录光驱，比较知名的光驱品牌有华硕、三星、SONY、Philips、明基、先锋、大白鲨、NEC 等数十种。

图 1-8　光盘和光驱

　　新一代存储设备 U 盘，是目前使用最多的外部存储设备，U 盘就是闪存盘，是一种采用 USB 接口的无需物理驱动器的微型高容量移动存储产品，它采用的存储介质为闪存（Flash Memory），如图 1-9 所示。U 盘不需要额外的驱动器，它将驱动器及存储介质合二为一，只要接上计算机上的 USB 接口就可独立地存储读/写数据。U 盘的体积很小，仅大拇指般大小，质量极小，约为 20g，特别适合随身携带。U 盘中无任何机械式装置，抗震性能极强。另外，U 盘还具有防潮防磁、耐高低温（-40°C～+70°C）等特性，安全性和可靠性很好。

图 1-9　U 盘

　　（5）输入设备。输入设备是用来接收用户输入的原始数据和程序，并将它们转换为计算机能够识别的数字信息，存放到内存中的设备。常用的输入设备有键盘（见图 1-10）、鼠标（见图 1-11）、扫描仪（见图 1-12）、手写板（见图 1-13）、数字笔等。

图 1-10　键盘

图 1-11　鼠标

图 1-12　扫描仪

图 1-13　手写板

（6）输出设备。输出设备是将存放在计算机内存中的信息（包括程序和数据）转换为人们能够接受的形式的设备。常用的输出设备有打印机（见图1-14）、显示器（见图1-15）、数码复印机、绘图仪等。

图1-14　打印机　　　　　　　　　　　　图1-15　显示器

将计算机硬件的5大功能部件用总线连接起来，就构成了一台完整的计算机硬件系统。

1.4　计算机的软件系统

计算机的软件系统是计算机系统的灵魂，计算机众多的功能正是由丰富的软件来实现的。软件系统分为系统软件和应用软件。系统软件是计算机系统的核心，它管理系统所有的硬件资源和软件资源，人们只能够使用它，而不能对其进行修改。应用软件是为了满足人们某方面需要而开发的软件，种类多种多样。

1.4.1　系统软件

（1）操作系统。操作系统管理计算机系统的全部硬件资源、软件资源和数据资源，使计算机系统的所有资源得到最大限度的发挥，为用户提供方便、有效、友好的服务界面。所有的其他软件（包括某些系统软件与所有的应用软件）都建立在操作系统基础上，并需要它的支持和服务。

常见的个人操作系统有 DOS、Windows、Linux、UNIX、OS/2 等。

（2）程序设计语言。程序设计语言是用户用来编写程序的语言，它是人与计算机之间交换信息的工具。程序设计语言是软件系统重要的组成部分，一般可分为机器语言、汇编语言和高级语言3类。它为人们编写各类应用软件提供了极大的方便。

高级程序设计语言包括面向过程和面向对象两大类，面向过程的语言代表有BASIC语言、C语言、PASCAL语言等，面向对象的语言代表有 Java、Visual Basic、Visual C++、Delphi、PowerBuilder 等。

（3）数据库管理系统。随着计算机应用的发展，数据管理变得日益重要，数据库管理系统发展迅速，该系统主要解决数据处理的非数值计算问题。目前主要用于档案管理、财务管理、图书资料管理、仓库管理等方面的数据处理。常见的数据库管理软件有 Access、FoxPro、

Visual FoxPro、MS SQL Server、Oracle 等。

1.4.2　应用软件

应用软件是指计算机用户利用计算机及其提供的系统软件，为解决某一专门的应用问题而编制的计算机程序，是在操作系统平台上设计开发的，面向应用领域的软件系统。应用软件是多种多样的，如科学计算、工程设计、文字处理、辅助教学、游戏等方面的应用软件。在后面介绍的 Word 2000、Excel 2000 及各种工具软件等都属于应用软件。

操作案例　查看计算机的主要参数和性能指标。

使用计算机时，可以在操作系统环境下查看计算机安装的操作系统，主要硬件设备和性能指标。

（1）启动 Windows XP 操作系统，使用系统工具了解硬件的配置。

在 Windows XP 的桌面下方，执行【开始】→【设置】→【控制面板】菜单命令，弹出【控制面板】窗口，如图 1-16 所示。

（2）在【控制面板】窗口中，选择【性能和维护】中的【系统】选项，弹出【系统属性】对话框，如图 1-17 所示。

从对话框中可以了解系统软、硬件的具体配置，如常规、计算机名、硬件、高级、系统还原、自动更新、远程的配置情况。图中表明该机操作系统的版本为 Microsoft Windows XP Professional 版本 2002，系统补丁为 Service Pack 2，计算机的硬件配置为 AMD Athlon（tm）64 processor 3000+，主频为 1.81 GHz，内存为 512MB 等参数。

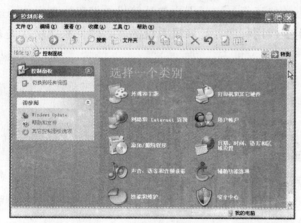

图 1-16　【控制面板】窗口

图 1-17　【系统属性】对话框

另外，在 Windows 的桌面上，将鼠标指针指向【我的电脑】图标，单击鼠标右键，在弹出的快捷菜单中选择【属性】选项，也可弹出【系统属性】对话框。

如果要查看计算机所有硬件的具体信息，可以在【系统属性】对话框中选择【硬件】选项卡，如图 1-18 所示，在其中单击【设备管理器】按钮，弹出【设备管理器】窗口，如图 1-19 所示。

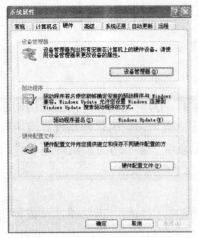

图 1-18 【硬件】选项卡　　　　　图 1-19 【设备管理器】窗口

1.4.3　硬件系统和软件系统之间的关系

计算机系统包括硬件系统和软件系统两部分。软件系统是在硬件系统的基础上为有效地使用计算机而配置的，一台没有安装任何软件的计算机称为裸机，裸机是不能解决任何问题的，仅当装入并且运行一定的软件时，计算机才能发挥它强大的作用，这时的计算机才会真正成为计算机系统。

操作系统是直接控制和管理硬件的系统软件，它向下控制硬件系统，向上支持各种软件，所有其他软件都必须在操作系统的支持下才能运行，它是用户与计算机的接口。在操作系统之上分别是各种语言处理程序、用户使用的应用程序。计算机系统的软、硬件系统层次关系如图 1-20 所示。

图 1-20　计算机系统的软、硬件系统层次关系

1.5　计算机中的数据与编码

数据是指能够输入计算机并被计算机处理的数字、字母和符号的组合。在计算机内部，任何形式的数据都必须经过数字化编码后才能被传送、存储和处理。

1.5.1　常用数制及相互转换

在日常生活中，会遇到不同进制的数，如十进制数，逢十进一；一周有 7 天，逢七进一等。计算机中存放的是二进制数，为了书写和表示方便，还引入了八进制数和十六进制数。无论哪种数制，其共同之处都是进位计数制。

1．进位计数制

在采用进位计数制的数字系统中，如果只用 r 个基本符号表示数值，则称其为基 r 数制，r 称为该数制的基数，而数值中每一个固定位置对应的单位值称为权。常用的进位计数制如表 1-1 所示。

表 1-1　常用的进位计数制

进　位　制	二　进　制	八　进　制	十　进　制	十六进制
规则	逢二进一	逢八进一	逢十进一	逢十六进一
基数	$r=2$	$r=8$	$r=10$	$r=16$
基本符号	0,1	0,1,2,…,7	0,1,2,…,9	0,1,…,9,A,B,…,F
权	2^i	8^i	10^i	16^i
表示形式	B	O	D	H

由表 1-1 可知，不同进制的数制有共同的特点，第一，采用进位计数制方法，每一种数制都有固定的基本符号，称为数码；第二，都使用位置表示法，即处于不同位置的数码所代表的值不同，与它所在位置的权值有关。

例如，在十进制数制中，847.26 可表示为：

$$847.26 = 8 \times 10^2 + 4 \times 10^1 + 7 \times 10^0 + 2 \times 10^{-1} + 6 \times 10^{-2}$$

可以看出，各种进位计数制中的权值恰好是基数 r 的某次幂，因此，对于任何一种进位计数制表示的数都可以写出按权展开的多项式之和，任意一个 r 进制数 N 可表示为：

$$N = a_{n-1} \times r^{n-1} + a_{n-2} \times r^{n-2} + \cdots + a_1 \times r^1 + a_0 \times r^0 + a_{-1} \times r^{-1} + \cdots + a_{-m} \times r^{-m} = \sum_{i=-m}^{n-1} a_i \times r^i$$

其中，a_i 是数码，r 是基数，r^i 是权；不同的基数表示不同的进制数。

2．不同进位计数制的转换

（1）r 进制数转换成十进制数。

展开式为：

$$N = \sum_{i=-m}^{n-1} a_i \times r^i$$

计算机本身就提供了将 r 进制数转换成十进制数的方法，只要将各位数码乘以各自的权值并累加即可。例如，将二进制数 1001101.001 转换成十进制数为：

$$(1001101.001)B = 1 \times 2^6 + 1 \times 2^3 + 1 \times 2^2 + 1 \times 2^0 + 1 \times 2^{-3} = (77.125)D$$

例如，将八进制数 526 转换成十进制数为：

$$(526)O = 5 \times 8^2 + 2 \times 8^1 + 6 \times 8^0 = (322)D$$

（2）十进制数转换成 r 进制数。将十进制数转换成 r 进制数时，可先将此数分成整数与小数两部分分别进行转换，然后拼接起来即可。

整数部分转换成 r 进制数采用除 r 取余法，即将十进制整数不断除以 r 取余数，直到商为 0，余数从右到左排列，首次取得的余数排在最右。

小数部分转换成 r 进制数采用乘 r 取整法，即将十进制小数不断乘以 r 取整数，直到小数部分为 0 或达到要求的精度为止（小数部分可能永远得不到 0），所得的整数从小数点自左到右排列，取有效精度，首次取得的整数排在最左。

例如，将 (120.675)D 转换成二进制数为：

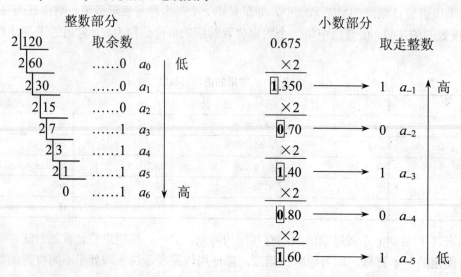

所以，(120.675)D =(1111000.10101)B。

例如，将十进制数 268.06 转换成八进制数为：

所以，(268.06)D=(414.036)O。

（3）二进制数、八进制数、十六进制数间的转换。十进制数转换成二进制数过程书写较长，二进制表示的数比等值的十进制数占更多的位数，书写较长，容易出错。为了方便起见，需要借助八进制数和十六进制数来进行转换和表示。转换时先将十进制数转换成八进制数或十六进制数，再转换成二进制数。二进制数、八进制数和十六进制数之间的关系为：1 位八进制数相当于 3 位二进制数，1 位十六进制数相当于 4 位二进制数，如表1-2所示。

表 1-2 二进制数、八进制数和十六进制数之间的关系

八进制数	对应二进制数	十六进制数	对应二进制数	十六进制数	对应二进制数
0	000	0	0000	8	1000
1	001	1	0001	9	1001
2	010	2	0010	A	1010
3	011	3	0011	B	1011
4	100	4	0100	C	1100
5	101	5	0101	D	1101
6	110	6	0110	E	1110
7	111	7	0111	F	1111

根据这种对应关系，将二进制数转换成八进制数时，以小数点为中心向左右两边分组，每 3 位为一组，两头不足 3 位补 0 即可。同样，将二进制数转换成十六进制数只要 4 位为一组进行分组即可。

例如，将(1011010010.111110)B 转换成十六进制数为：

$\underline{(0010}\ \underline{1101}\ \underline{0010.}\ \underline{1111}\ \underline{1000)}$B =(2D2.F8)H（整数高位和小数低位补 0）

  2 D 2 F 8

例如，将(1011010010.111110)B 转换成八进制数为：

(001 011 010 010. 111 110)B =(1322.76)O

同样，将八进制数、十六进制数转换成二进制数只要将 1 位转换为 3 位或 4 位即可。

例如，

(3B6F.E6)H= $\underline{(0011}\ \underline{1011}\ \underline{0110}\ \underline{1111.}\ \underline{1110}\ \underline{0110)}$B

    3 B 6 F E 6

(6732.26)O= $\underline{(110}\ \underline{111}\ \underline{011}\ \underline{010.}\ \underline{010}\ \underline{110)}$B

    6 7 3 2 2 6

1.5.2 数值信息的表示

1. 符号数的机器数表示

数在计算机中的表示统称为机器数，机器数有以下 3 个特点。

（1）数的符号数值化。在计算机中，因为只有 0 和 1 两种形式，为了表示数的正（+）、负（−）号，也必须用 0 和 1 表示。通常把一个数的最高位定义为符号位，用 0 表示正，1 表示负，称为数符；其余位仍表示数值。若一个数占 8 位，则其表示形式如图 1-21 所示。

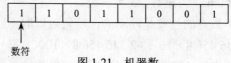

图 1-21 机器数

通常，把在机器内存放的正、负符号数值化的数称为机器数，机器数对应的数值称为机器数的真值数。例如，真值数(−1011001)B，其机器数为 11011001，存放在机器中如图 1-21

所示。

（2）计算机中通常只表示整数和纯小数。因此，小数点约定在一个固定的位置上，不再占用 1 个数位。

（3）机器数表示的范围受字长和数据类型的限制。例如，若表示一个整数，字长为 8 位，最大值为 01111111，最高位是符号位，则此数的最大值为 127；若数值超出 127 就要溢出，可以用浮点数来表示较大或较小的数。

2．定点数与浮点数

定点数约定小数点隐含在某一固定的位置上，称为定点数表示法；浮点数是指小数点的位置可以任意浮动，称为浮点数表示法。

（1）定点数表示法。定点数表示法有两种约定，即定点整数和定点小数。

定点整数约定小数点位置在机器数的最右边，如图 1-22 所示，定点整数是纯整数。

符号位	数值部分	←—— 小数点的位置

图 1-22　定点整数

定点整数分为带符号数和不带符号数两类。对带符号数的整数，符号位被放在最高位。整数表示的数是精确的，但数的范围是有限的。根据存放数的字长，可以用 8 位、16 位、32 位等表示。当以补码形式表示时，不同位数和数的范围如表 1-3 所示。

表 1-3　不同位数和数的表示范围

二进制位数	无符号整数的表示范围	有符号整数的表示范围
8	0～（2^8–1）	–2^7～（2^7–1）
16	0～（2^{16}–1）	–2^{15}～（2^{15}–1）
32	0～（2^{32}–1）	–2^{31}～（2^{31}–1）

例如，假定整数占 8 位，则数值 –88 存放的形式如图 1-23 所示。

1	1	0	1	1	0	0	0

图 1-23　–88 存放的形式

定点小数约定小数点位置在符号位和有效数值部分之间，定点小数是纯小数，即所有数均小于 1。

（2）浮点数表示法。定点数表示的数值范围在许多应用中是不够的，尤其在科学计算中，为了能表示特大或特小的数，采用“浮点数”或“科学表示法”表示。浮点数由两部分组成，即尾数和阶码，底数是事先约定的，不出现在机器数中。

例如，0.657×105，则 0.657 为尾数，5 为阶码。

在浮点数表示法中，小数点的位置是浮动的，阶码可以取不同的数值。例如，十进制数 –2 346.456 8 可表示为–2.346 456 8×10^3、–2 346.456 8×100、–234 645 6.8×10^{-3} 等多种形式。为了便于计算机中小数点的表示，规定将浮点数写成规格化的形式，即尾数的绝对值大于等于 0.1 并且小于 1，从而唯一地规定了小数点的位置。十进制数–2 346.456 8 以规格化形式表示为：

$$-0.234\ 645\ 68\times10^4$$

同样，任意二进制数规格化浮点数的表示形式为：

$$N=2^{\pm p}\times\pm d$$

式中，d 是尾数，前面的"±"表示数符；p 是阶码，前面的"±"表示阶符。它在计算机内的存储形式如图 1-24 所示。

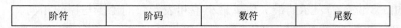

阶符	阶码	数符	尾数

图 1-24 任意二进制数规格化浮点数的存储形式

阶码只能是一个带符号的整数，其本身的小数点约定在阶码的最右边；尾数表示数的有效部分，是纯小数，其本身的小数点约定在数符和尾数之间。由此可见，浮点数是定点整数占 1 位，阶码的位数表示数的大小范围，尾数的位数表示数的精度。

例如，设尾数为 8 位，阶码为 6 位，则下面的二进制浮点数的存放形式如图 1-25 所示。

$$N=(-1011.011)B=(-0.1011011)B\times2^{(100)}B$$

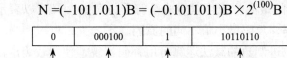

0	000100	1	10110110

阶符　　　阶码　　　数符　　　尾数

图 1-25 $N=(-1011.011)B$ 浮点数的存放形式

3．带符号数的表示

从上述的机器数可知，数在存放时的数符位用 0 表示正数，1 表示负数。若将符号位同时和数值参加运算，则会产生错误的结果。若考虑计算机结果的符号问题，将增加计算机实现的难度。例如，$-6+2$ 的结果应为-4，但在计算机中若按照上述的符号位同时和数值参加运算，则运算如下：

$$\begin{array}{rl}
10000110 & \cdots\cdots\quad -6\ \text{的机器数} \\
+\ 00000010 & \cdots\cdots\quad 2\ \text{的机器数} \\
\hline
10001000 & \cdots\cdots\quad \text{运算结果为}-8
\end{array}$$

若考虑符号位的处理，则运算将变得复杂。为了解决此类问题，在机器数中的负数有 3 种表示法，即原码、反码和补码。

（1）原码。整数 X 的原码指其数符位用 0 表示正，1 表示负；其数值部分就是 X 绝对值的二进制表示。通常用[X]$_原$表示 X 的原码。

例如，[+1]$_原$= 00000001　　　　　　[−1]$_原$=10000001

　　　　[+127]$_原$=01111111　　　　　[−127]$_原$=11111111

在原码表示中，0 有两种表示形式，即：

　　　　　　[+0]$_原$ = 00000000　　　　　　[−0]$_原$ =10000000

由此可知，8 位原码表示的最大值为 127，最小值为−127，表示数的范围为−127～127。

原码表示法简单易懂，与其真值的转换过程简便，但当两个数做加法运算时，如果两者的数码符号相同，则数值相加，符号不变；如果两者的数码符号不同，数值部分实际上是相减，这时必须比较哪个数的绝对值大，才能决定运算结果的符号位及值。

（2）反码。整数 X 的反码指对于正数与原码相同；对于负数，数符位为 1，其数值位 X

的绝对值取反。通常用[X]$_反$表示 X 的反码。

例如，[+1]$_反$= 00000001   [−1]$_反$=11111110

       [+127]$_反$=01111111   [−127]$_反$=10000000

在反码表示中，0 也有两种表示形式，即：

      [+0]$_反$= 00000000   [−0]$_反$=11111111

由此可知，8 位反码表示的最大值、最小值和表示数的范围与原码相同。

（3）补码。整数 X 的补码指对于正数与原码相同；对于负数，数符位为 1，其数值位 X 的绝对值取反最右加 1，即反码加 1。通常用[X]$_补$表示 X 的补码。

例如，[+1]$_补$= 00000001   [−1]$_补$=11111111

      [+127]$_补$=01111111   [−127]$_补$=10000001

在补码表示中，0 有唯一的编码，即[+0]$_补$ = [−0]$_补$ = 00000000。

因而可以用多出来的一个编码 10000000 来扩展补码所能表示数的范围，即将最小负数 −127 扩大到−128。这里的最高位既可以看成是符号位负数，又可以表示为数值位，其值为 −128，这就是补码与原码、反码最小值不同的原因。

补码的运算简便，二进制数的减法运算可用补码实现，使用较为广泛。例如，5−9 的运算如下：

$$
\begin{array}{r}
00000101 \quad\quad ……5\ 的补码 \\
+ \ \ 11110111 \quad\quad ……−9\ 的补码 \\
\hline
11111100
\end{array}
$$

运算结果为 11111100，是−4 的补码形式。

1.5.3 非数值信息的编码

字符是计算机中使用最多的信息形式之一，它是人与计算机进行通信、交互的重要媒介，它包括西文字符和中文字符。由于计算机是以二进制的形式存储和处理的，因此，字符也必须按照特定的规则进行二进制编码才能进入计算机。

1. 西文字符

对于西文字符编码最常用的是 ASCII（American Standard Code for Information Interchange，美国信息交换标准代码）。ASCII 用 7 位二进制编码，它可以表示 2^7 即 128 个字符，7 位 ASCII 代码表如表 1-4 所示。每个字符用 7 位基 2 码表示，其排列次序为 $d_6d_5d_4d_3d_2d_1d_0$，d_6 为最高位，d_0 为最低位。

表 1-4　7 位 ASCII 代码表

$d_3d_2d_1d_0$ ＼ $d_6d_5d_4$	000	001	010	011	100	101	110	111
0000	NUL	DLE	SP	0	@	P	`	p
0001	SOH	DC1	!	1	A	Q	a	q
0010	STX	DC2	"	2	B	R	b	r
0011	ETX	DC3	#	3	C	S	c	s

续表

d₃d₂d₁d₀ \ d₆d₅d₄	000	001	010	011	100	101	110	111
0100	EOT	DC4	$	4	D	T	d	t
0101	END	NAK	%	5	E	U	e	u
0110	ACK	SYN	&	6	F	V	f	v
0111	BEL	ETB	,	7	G	W	g	W
1000	BS	CAN	(	8	H	X	H	X
1001	HT	EM	)	9	I	Y	I	Y
1010	LF	SUB	*	:	J	Z	J	Z
1011	VT	ESC	+	;	K	[	K	{
1100	FF	FS	'	<	L	\	L	|
1101	CR	GS	-	=	M	]	M	}
1110	SO	RS	.	>	N	↑	N	~
1111	SI	US	/	?	O	↓	O	DEL

其中常用的控制字符的作用如下。

BS（Back Space）：退格　　　　　HT（Horizontal Table）：水平制表

LF（Line Feed）：换行　　　　　　VT（Vertical Table）：垂直制表

FF（Form Feed）：换页　　　　　　CR（Carriage Return）：回车

CAN（Cancel）：取消　　　　　　　ESC（Escape）：换码

SP（Space）：空格　　　　　　　　DEL（Delete）：删除

从 ASCII 码表中可以看出，十进制码值为 0～32 和 127（即 NUL～SP 和 DEL）共 34 个字符，称为非图形字符（控制字符）；其余 94 个字符称为图形字符。

计算机的内部存储与操作以字节为单位，即以 8 个二进制位为单位。因此，一个字符在计算机内实际是用 8 位表示的。正常情况下，最高位 d_7 为 0。在需要奇偶校验时，这一位可用于存放奇偶校验位的值，此时称该位为校验位。

西文字符除了常用的 ASCII 编码外，还有一种扩展的二一十进制交换码（Extended Binary Coded Decimal Interchange Code，EBCDIC），这种字符编码主要用在大型机器中。EBCDIC 码采用 8 位基 2 码表示，有 256 个编码状态，但往往只选用其中的一部分。

2．中文字符

用计算机处理汉字时，必须先将汉字代码化。汉字是象形文字，种类繁多，编码比较困难，而且在一个汉字处理系统中，输入、内部处理、输出对汉字编码的要求不尽相同，因此要进行一系列的汉字编码及转换。汉字信息处理系统的模型如图 1-26 所示，其中虚框中的编码是对国标码而言的。

图 1-26　汉字信息处理系统的模型

（1）汉字输入码。在计算机系统中使用汉字，首先遇到的问题是如何把汉字输入计算机内。为了能直接使用西文标准键盘进行输入，必须为汉字设计相应的编码方法。汉字编码方法主要分为 3 类，即数字编码、拼音码和字形编码。

数字编码就是用数字串代表一个汉字的输入，常用的是国标区位码。国标区位码根据国家标准局公布的 6 763 个两级汉字（一级汉字有 3 755 个，按汉语拼音排列；二级汉字有 3 008 个，按偏旁部首排列）分成 94 个区，每个区分 94 位，实际上是把汉字表示成二维数组，区码和位码各占两位十进制数字，因此，输入一个汉字需要按 4 次"Space"键。

拼音码是以汉语读音为基础的输入方法。由于汉字的同音字太多，输入重码率很高，因此，按拼音输入后还必须进行同音字选择，影响了输入速度。

字形编码是以汉字的形状确定的编码。汉字的总数虽多，但都是由一笔一画组成的，全部汉字的部首和笔画是有限的。因此，把汉字的部首和笔画用字母或数字进行编码，按笔画书写的顺序依次输入，就能表示一个汉字。五笔字型、表形码等便是这种编码法。

（2）内部码。内部码是字符在设备或信息处理系统内部最基本的表达形式，是在设备和信息处理系统内部存储、处理、传输字符用的代码。一个国标码占两个字节，每个字节最高位仍为 0；英文字符的机内码是 7 位 ASCII 码，最高位也为 0，为了在计算机内部能够区分汉字编码和 ASCII 码，将国标码的每个字节的最高位由 0 变为 1，变换后的国标码成为汉字机内码，由此可知汉字机内码的每个字节都大于 128，而每个西文字符的 ASCII 码值均小于 128。以汉字"大"为例，国标码为 3473H，机内码为 B4F3H。

（3）字形码。汉字字形码是表示汉字字形的字模数据，通常用点阵、矢量函数等方式表示。用点阵表示字形时，汉字字形码指的就是这个汉字字形点阵的代码。根据输出汉字的要求不同，点阵的多少也不同。简易型汉字为 16×16 点阵，提高型汉字为 24×24 点阵、32×32 点阵、48×48 点阵等。

点阵规模越大，字形越清晰美观，所占用的存储空间也越大。以 16×16 点阵为例，每个汉字要占用 32B 存储空间，两级汉字大约占用 256KB。因此，字模点阵用来构成"字库"，字库中存储了每个汉字的点阵代码，当显示输出时检索字库，输出字模点阵得到字形。

1.6 计算机指令系统

计算机是一个复杂的系统，并已经发展成为由巨型计算机、大型计算机、小型计算机、微型计算机组成的一个庞大的计算机家族。其每个成员，尽管在规模、性能、结构、应用等方面存在着很大的差异，但它们的基本工作原理与组成是相同的。

1. 计算机的指令系统

指令是能被计算机识别并执行的二进制代码，它规定了计算机能完成的某一种操作。指令的数量和类型由 CPU 决定。一条指令通常由两个部分组成，如图 1-27 所示。

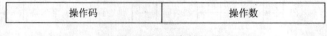

操作码	操作数

图 1-27 指令的组成

- **操作码**：指明该指令要完成操作的类型或性质，如取数、做加法、输出数据等。操作码的位数决定了一个机器操作指令的条数。当使用定长操作码格式时，若操作码位数为 n，则指令条数可有 2^n 条。
- **操作数**：指明操作对象的内容或所在的单元地址。操作数在大多数情况下是地址码，地址码可以有 $0 \sim 3$ 个，从地址码得到的仅是数据所在的地址，可以是源操作数的存放地址，也可以是操作结果的存放地址。

一台计算机所有指令的集合称为该计算机的指令系统。不同类型的计算机，指令系统的指令条数有所不同。但无论哪种类型的计算机，其指令系统都应具有以下功能的指令。

- **数据传送指令**：将数据在内存与 CPU 之间进行传送。
- **数据处理指令**：数据进行算术、逻辑或关系运算。
- **程序控制指令**：控制程序中指令的执行顺序，如条件转移、无条件转移、调用子程序、返回、停机等。
- **输入/输出指令**：用来实现外部设备与主机之间的数据传输。
- **其他指令**：对计算机的硬件进行管理等。

2．计算机指令系统的工作原理

计算机指令系统的工作过程实际上是快速地执行指令的过程。计算机在工作时，有两种信息在执行指令的过程中流动，即数据流和控制流。

数据流是指原始数据、中间结果、结果数据、源程序等。控制流是指由控制器对指令进行分析、解释后向各部件发出的控制命令，指挥各部件协调地工作。

下面以指令的执行过程来认识计算机的基本工作原理。指令执行的过程分为以下 4 个步骤：

（1）取指令。按照程序计数器中的地址，从内存储器中取出指令，并送往指令寄存器。

（2）分析指令。对指令寄存器中存放的指令进行分析，由译码器对操作码进行译码，将指令的操作码转换成相应的控制电位信号；由地址码确定操作数的地址。

（3）执行指令。由操作控制线路发出完成该操作所需要的一系列控制信息，从而完成该指令所要求的操作。

（4）一条指令执行完成，程序计数器加 1，或将转移地址码送入程序计数器，然后返回步骤（1）。

一般把计算机完成一条指令所花费的时间称为一个指令周期，指令周期越短，指令执行得越快。通常所说的 CPU 的主频就反映了指令执行周期的长短。

计算机在运行时，CPU 从内存读出一条指令到 CPU 内执行，指令执行完成后，再从内存读出下一条指令到 CPU 内执行。CPU 不断地取指令、分析指令、执行指令，这就是程序的执行过程。

综 合 练 习

一、填空题

1．一个完整的计算机系统是由_____和_____两部分组成的。

2．在机器数中，负数有 3 种表示法，即_____、_____和_____。

3．第四代计算机采用大规模和超大规模_____作为主要电子元件。

二、选择题

1．计算机中最重要的核心部件是_____。

    A．CPU   B．DRAM   C．CD-ROM   D．CRT

2．一条指令通常由_____和操作数两部分组成。

    A．程序   B．操作码   C．机器码   D．二进制数

3．指令设计及调试过程称为_____设计。

    A．系统   B．计算机   C．集成   D．程序

4．指令的数量与类型由_____决定。

    A．BIOS   B．CPU   C．SRAM   D．DRAM

5．用 7 位 ASCII 码表示字符 5 和 9 分别是_____。

    A．0110011 和 0111001   B．1010011 和 1101001

    C．0110101 和 0111001   D．1010101 和 1101001

三、问答题

1．计算机的发展经历了哪几个阶段？

2．当代计算机的主要应用有哪些方面？

3．浮点数在计算机中是如何表示的？

4．假定某台计算机的机器数占 8 位，试写出十进制数–98 的原码、反码和补码。

5．如果一个有符号数占 n 位，那么它的最大值是多少？

6．什么是 ASCII 码？查出"G"、"g"、"8"和"Enter"键的 ASCII 码值。

第2章

Windows XP 操作系统基础

2.1 Windows XP 的基本操作

案例分析

当我们拥有了一台新计算机时通常会碰到以下问题：

问题 1 如何管理计算机硬盘中的文件夹和文件，如何新建、删除、移动、复制、重命名文件夹，如何还原删除的文件夹或者文件。

问题 2 如何连续选择或者不连续选择文件或者文件夹。

问题 3 如何以缩略图的方式来显示文件或者文件夹。

问题 4 如何使用【开始】菜单，如何将应用程序添加到【开始】菜单的程序中。

问题 5 当快速启动项目消失后，如何恢复，如何添加和删除快速启动项目。

问题 6 当我们经常要浏览硬盘中某一固定文件或者文件夹时，如何给子文件夹设置快捷方式并放置于桌面。

问题 7 如何隐藏文件夹或者文件，恢复文件夹的属性。

问题 8 忘记经常使用文件的文件名和文件所在的目录时，如何查找搜索该文件。

案例实现

问题 1 的实现：

新建文件夹：

方法一，在窗口的空白处单击鼠标右键，在弹出的快捷键菜单中执行【新建】→【文件夹】菜单命令，如图 2-1 所示；

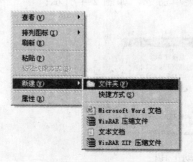

图 2-1 新建文文件夹

方法二,在 Windows 窗口的【文件】菜单中新建文件夹。

移动、复制、删除、重命名文件夹:选择文件或者文件夹,单击鼠标右键,在弹出的快捷菜单中选择相应的选项即可;

还原删除的文件夹:回到桌面,打开【回收站】,选择所要还原的文件或者文件夹,单击鼠标右键,在弹出的快捷菜单中选择【还原】选项。

问题 2 的实现:

连续文件或者文件夹的选择:

方法一,按住"Shift"键,选择所要选择的文件或者文件夹。

方法二,在文件夹空白处用鼠标左键拖动选择连续文件或者文件夹。

不连续文件或者文件夹的选择:

按住"Ctrl"键,单击所要选择的文件或者文件夹。

问题 3 的实现:

打开【我的电脑】,选择【查看】菜单中的【缩略图】,文件或者文件夹就可以以缩略图的方式显示,便于用户对文件夹的信息及类型进行直观的了解。

问题 4 的实现:

【开始】菜单中应用程序的添加:在【开始】菜单上单击鼠标右键,如图 2-2 所示,在打开的窗口中双击【程序】,将需要的应用程序复制到【程序】窗口中,如图 2-3 所示。

图 2-2　选择【打开】选项

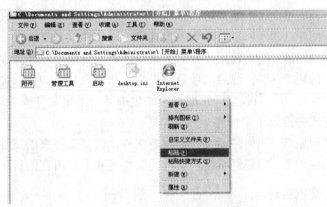

图 2-3　复制程序

问题 5 的实现:

恢复快速启动项目:在 Windows 任务栏的空白处单击鼠标右键,在弹出的快捷菜单中执行【工具栏】→【快速启动】菜单命令,如图 2-4 所示;

图 2-4　快速启动工具栏

图 2-5　移动图标

将桌面上的应用程序移到快速启动项目中：回到桌面，用鼠标左键按住桌面上的应用程序图标，移动到快速启动项目中，如图 2-5 所示。

问题 6 的实现：

选择文件夹，单击鼠标右键，在弹出的快捷菜单中执行【发送到】→【桌面快捷方式】菜单命令。

问题 7 的实现：

隐藏文件或者文件夹：

① 选择文件或者文件夹，单击鼠标右键，在弹出的快捷菜单中选择【属性】选项，将文件属性设置为隐藏。

② 打开【我的电脑】，执行【工具】→【文件夹选项】菜单命令，在弹出的对话框中选择【查看】选项卡，选中【不显示隐藏的文件和文件夹】单选按钮，如图 2-6 所示；

显示隐藏的文件夹：

打开【我的电脑】，执行【工具】→【文件夹选项】菜单命令，在弹出的对话框中选择【查看】选项卡，选中【显示所有文件和文件夹】单选按钮。

问题 8 的实现：

执行【开始】→【搜索】→【文件或文件夹】菜单命令，如图 2-7 所示，如果你记得文件类型，如歌曲，在第一行中输入".mp3"，单击【搜索】按钮即可；如果你记得文件中的一个字母，如 a，在第一行中输入"a"，单击【搜索】按钮即可。

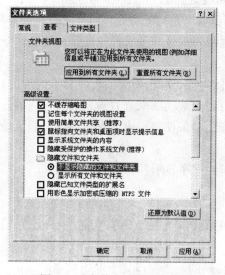

图 2-6 【文件夹选项】对话框

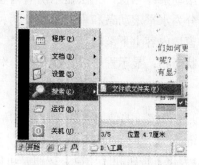

图 2-7 搜索文件或文件夹

2.1.1 窗口的操作

1. Windows XP 窗口的组成

在 Windows XP 中，各种应用程序一般都以窗口的形式出现，用于管理和使用相应的内容，所以窗口扮演了一个很重要的角色。

一个标准的窗口如图 2-8 所示，一般由以下几个部分组成。

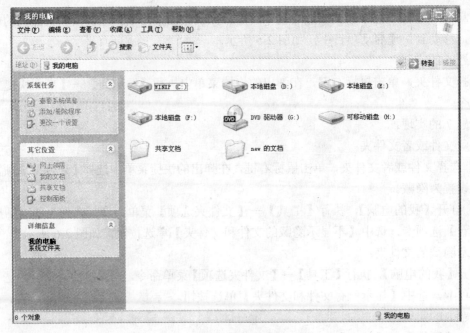

图 2-8 【我的电脑】窗口

- **标题栏**：位于窗口的顶部，用于显示窗口的名称。标题栏的左侧是控制菜单框，右侧有 3 个按钮，即【最小化】、【最大化】（或【还原】）和【关闭】按钮。
- **菜单栏**：位于标题栏的下方，每个菜单都包含一系列的命令，用户可以完成各种功能。
- **工具栏**：在工具栏上显示各种按钮或其他常用工具。工具栏一般是可选的，既可显示也可关闭。
- **窗口主体**（工作区）：显示这个程序的主体内容，对于不同的程序有不同的内容。
- **滚动条**：当窗口无法显示所有内容时，可使用滚动条来查看窗口的其他内容。滚动条分为水平滚动条和垂直滚动条两种，水平滚动条使窗口内容左右滚动，垂直滚动条使窗口内容上下滚动。
- **状态栏**：显示程序的当前状态，对于不同的程序显示各种不同的信息。

2．窗口操作

（1）窗口按钮的使用。窗口的右上角有 3 个按钮，即【最小化】、【最大化（还原）】和【关闭】按钮。

【最大化】按钮和【还原】按钮是可以互相转换的，当窗口处于原始状态时，单击【最大化】按钮，窗口将充满整个屏幕，【最大化】按钮此时变成【还原】按钮，单击该按钮，窗口会变成原始大小。单击【关闭】按钮，可以关闭窗口。单击【最小化】按钮，窗口会缩小为任务栏上的一个按钮。

（2）窗口的激活（切换）。Windows XP 操作系统可以同时打开多个窗口，但只有一个是处于激活状态的。

要切换窗口，一个方法是用鼠标单击任务栏上对应窗口的按钮；另外一个方法是直接单击想要激活的窗口。

按"Alt+Esc"或者"Alt+Tab"组合键可以在所有打开的窗口之间进行切换。

（3）窗口的移动。当窗口处于打开状态并且没有被最大化时，移动窗口只需要用鼠标指向窗口的标题栏，按住鼠标左键不放，移动到指定的位置释放即可。

（4）窗口的缩放。窗口的缩放是指窗口尺寸的改变。当窗口处于打开状态并且没有被最大化时，将鼠标指向窗口边框，当指针变成上下、左右箭头时，拖动鼠标左键，就可使窗口上下或者水平缩放。当鼠标指向窗口的任意一个角，变成斜向箭头时，按住鼠标左键拖动鼠标，可以使窗口同时在高度和宽度上有所改变。

（5）窗口的排列。当桌面上同时打开多个窗口时，可以对窗口进行排列。排列方式有 3 种，即层叠、横向平铺和纵向平铺。在任务栏空白处右击，在弹出的快捷菜单中选择相应的窗口排列方式即可。窗口的排列方式对已经最小化的窗口无效。

（6）窗口的复制。要将当前活动窗口内容进行复制，按"Alt+Print Screen"组合键，复制到剪贴板中即可。按"Print Screen"键，可以对整个屏幕进行复制。

2.1.2　对话框和菜单的使用

1. 对话框

对话框有两种类型，一种是浏览对话框，如图 2-9 所示；另一种是打开对话框，如图 2-10 所示。浏览对话框有优先处理权，当浏览对话框打开后必须立即处理，否则是不能进行其他操作的，只有关闭了此对话框才能进行窗口的操作。打开对话框则没有这种限制。

（1）对话框的组成。对话框（见图 2-11）通常由以下几部分组成。

- **标题栏**：位于对话框的顶部，左端是对话框的名称，右端是【帮助】和【关闭】按钮。
- **标签与选项卡**：有些对话框是由多个选项卡组成的，各个选项卡都有标签，用户可以通过单击选项卡的标签在多个选项卡之间进行切换。
- **输入框**：分为文本输入框和列表框。文本输入框用于输入文本信息，用户可以自己输入，也可以从右下方的下拉列表中选取要输入的信息；列表框可以使用户从列表中选择需要的对象，这些对象可以是文字也可以是图形，或者是两者的结合。

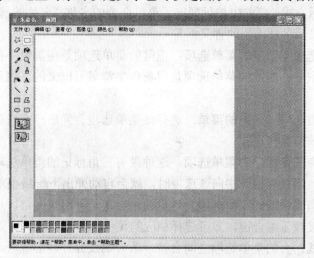

图 2-9　浏览对话框

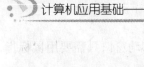
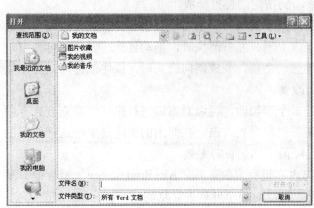

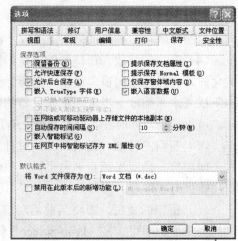

图 2-10　打开对话框　　　　　　　　图 2-11　对话框的组成

- 按钮：Windows 操作系统提供了各种形式的按钮以满足不同的需要。
  - ➢ **命令按钮**：带文字的按钮，如【确定】、【取消】按钮等。
  - ➢ **单选按钮**：圆形按钮，同一组中有且只有一个可以被选中。
  - ➢ **复选框**：方形按钮，复选框可以任意选择，选中后方框中出现【√】标记。
  - ➢ **数字增减按钮**：两个小按钮叠放在一起，单击上面的按钮可使数字增大，单击下面的按钮可使数字减小。
  - ➢ **滑标**：主要用于鼠标、键盘属性等对话框，能形象地改变参数。

（2）对话框的操作。对话框的操作与窗口的操作基本一致。

2．菜单的使用

菜单是应用程序可以完成的命令列表。通过鼠标单击或按"Alt+菜单名中的下画线字母"可以打开菜单；按"Esc"键或单击菜单栏以外的位置，可以撤销菜单。

（1）菜单的种类。菜单可以分为【开始】菜单、控制菜单、菜单栏上的菜单、快捷菜单4 种。

（2）菜单的表示方式。菜单中按行列出了菜单命令的名称，名称的前后有一些特殊符号、字符和标记，分别表示各种不同的含义。

- **正常的菜单选项与变灰的菜单选项**：正常的菜单选项是用黑色字符显示出来的，用户可以随时选取它；变灰的菜单选项是用灰色字符显示出来的，表示当前情形下它是不可用的。
- **名称后面带省略号（…）的菜单**：选择此菜单选项会弹出一个对话框，要求用户输入某种信息或改变某些设置。
- **名称右侧带有三角标记的菜单选项**：这种带有三角标记的菜单选项表示在它的下一级还有子菜单，当鼠标指针指向该选项时，就会自动弹出下一级菜单。
- **名称后面带有组合键的菜单选项**：这里的组合键是一组快捷键，用户在不打开菜单的情况下，直接按下组合键，即可选择相应的菜单命令。
- **菜单的分组线**：有的菜单选项之间会被一条分隔线分开，形成若干菜单选项组，分组是按菜单选项的功能将其组合在一起的。

- **名称前带【√】记号的菜单选项**：这种选项可以使用户在两个状态间进行切换。
- **名字前带【●】记号的菜单选项**：这种选项表示它是可以选用的，但是它的分组菜单中，同时只可能且必有一个选项被选中，被选中的选项前带有【●】记号。

2.1.3　Windows XP 文件夹的操作

在任何操作系统里，文件和文件夹的操作都是非常重要的。文件的操作主要包括文件的复制、删除、移动、重命名等。

1．选择文件或文件夹

在对文件或文件夹进行操作之前，必须先对其进行选择，可以单击鼠标左键选择一个文件或文件夹。如果要选择多个对象，可以采取下面的方法之一。

（1）使用鼠标选择多个文件。

- 在选择对象时，先按住"Ctrl"键，然后逐一选择文件或文件夹。
- 如果所要选择的对象是相邻的，先选中第一个对象，然后按住"Shift"键，再单击最后一个对象。
- 如果要选择某一个文件夹下面的所有文件，先使该文件夹成为当前文件夹，然后执行【编辑】→【全部选定】菜单命令。

（2）使用键盘选择多个文件。

- 如果选择的文件不相邻，先选择一个文件，然后按住"Ctrl"键，移动方向键到需要选定的对象上，按"Space"键选择。
- 如果选择的文件是相邻的，先选定第一个文件，按住"Shift"键，然后移动方向键选定最后一个文件。
- 如果要选择某一个文件夹下面的所有文件，先使该文件夹成为当前文件夹，然后按"Ctrl+A"组合键。

2．创建新文件夹

使用文件夹的主要目的是为了有效组织文件。创建一个文件夹有以下两种方法：

- 文件的位置确定后，执行【开始】→【新建】→【文件夹】菜单命令，Windows XP就会在选定位置增加一个名为【新建文件夹】的文件夹，可以在文本框内重新命名。
- 在 Windows 资源管理器所有列表中双击需要创建子文件夹的驱动器或者文件夹，然后在内容列表的空白处单击鼠标右键，在弹出的快捷菜单中执行【新建】→【文件夹】菜单命令。

在 Windows XP 中，使用一个应用程序时，执行【文件】→【打开】菜单命令，就会弹出如图 2-12 所示的对话框，在该对话框中可以确定要创建新文件夹的位置，然后单击 按钮就可以创建一个新文件夹。

3．更改驱动器和文件夹

如果要浏览其他文件夹，可以单击所有列表中的文件夹进行切换，也可以在【我的电脑】或 Windows 资源管理器的【地址】下拉列表框中选择要打开的文件夹，如图 2-13 所示。

图 2-12 【打开】对话框

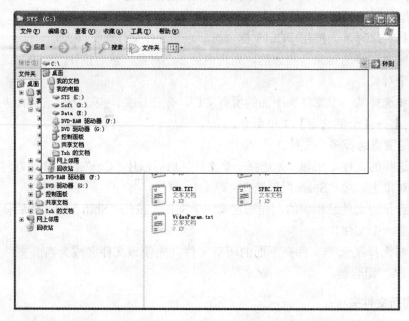

图 2-13 【地址】下拉列表框

4．搜索文件和文件夹

在 Windows XP 资源管理器或者【我的电脑】中，单击工具栏上的 搜索按钮，打开搜索助理，如图 2-14 所示。

搜索助理分类列出了搜索的对象，如下所示：

（1）图片、音乐或视频。

（2）文档（文字处理、电子数据表等）。

（3）所有文件和文件夹。

（4）计算机或人。

如果要搜索文件或者文件夹，单击【所有文件和文件夹】图标，此时窗口如图 2-15 所示。

在【全部或部分文件名】文本框内输入要查找的文件或者文件夹的名称，在【在这里寻找】下拉列表框中设定搜索的位置。

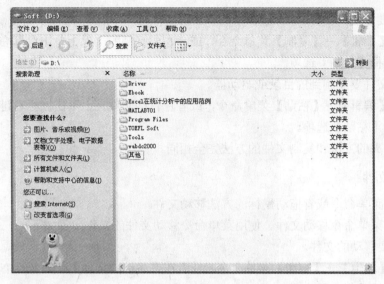

图 2-14　搜索助理

图 2-15　搜索文件或者文件夹

此外，还可以设置其他搜索条件，单击 按钮，例如，单击【什么时候修改的？】后面的按钮，就可以设定要搜索的文件或者文件夹被修改的时间，以缩小查找范围；单击【更多高级选项】后面的 按钮，可以设置其他的搜索条件。条件设置完成后，单击【搜索】按钮，就会从指定的位置去查找符合条件的文件和文件夹。如果找到相关内容，则显示在窗口右边的列表框内。

5．复制文件

复制文件有拖放鼠标、使用菜单命令等方法。

（1）拖放鼠标复制文件。将鼠标指针移动到要复制的文件上，按住"Ctrl"键的同时将文件拖动到目标文件夹即可。

（2）使用菜单命令复制文件。使用菜单命令复制文件的操作步骤如下：

① 选定要复制的文件。

② 执行【编辑】→【复制】菜单命令，或者在要复制的文件上单击鼠标右键，在弹出的快捷菜单中选择【复制】选项。

③ 选定文件要复制到的目录或驱动器。

④ 执行【编辑】→【粘贴】菜单命令，或者在目标文件夹上单击鼠标右键，在弹出的快捷菜单中选择【粘贴】选项。

复制文件夹的方法和复制文件的方法完全相同。

6. 移动文件

可以使用菜单命令或者拖动鼠标的方法移动文件。

（1）使用菜单命令移动文件。使用菜单命令移动文件的操作步骤如下：

① 选定要移动的文件。

② 执行【编辑】→【剪切】菜单命令，或者在要移动的文件上单击鼠标右键，在弹出的快捷菜单中选择【剪切】选项。

③ 选定文件要移动到的目录。

④ 执行【编辑】→【粘贴】菜单命令，或者在目标文件夹上单击鼠标右键，在弹出的快捷菜单中选择【粘贴】选项。

（2）用拖动鼠标的方法移动文件。用拖动方法移动文件与复制文件的方法大致相同，在拖动鼠标时，按住"Shift"键即可。

移动文件夹的方法和移动文件的方法完全相同。

7. 重命名文件

重命名文件的操作步骤如下：

（1）选择要重新命名的文件。

（2）执行【文件】→【重命名】菜单命令，或者在文件上单击鼠标右键，在弹出的快捷菜单中选择【重命名】选项。

（3）输入新的文件名，按"Enter"键确认。

重命名文件夹的方法和重命名文件的方法完全相同。

8. 删除文件

删除文件的操作步骤如下：

（1）选定需要删除的文件。

（2）执行【文件】→【删除】菜单命令，或者按下"Delete"键，此时，弹出确认文件删除对话框，如果单击【是】按钮，则删除文件；如果单击【否】按钮，则不删除文件。

删除文件夹的方法与删除文件的方法相同。

2.1.4 任务栏和【开始】菜单的设置、快捷方式的应用

1. 启动程序

在 Windows XP 中，有多种启动应用程序的方法。多个程序同时运行时，用户可以方便

地在各个程序间进行切换。

（1）在登录时启动应用程序。执行【开始】→【所有程序】→【启动】菜单命令，选择【启动】内部的应用程序，我们把经常使用的应用程序放在【启动】里，这样就不必频繁地手动打开那些经常需要使用的程序了。但是，【启动】里的应用程序越多，在启动时加载应用程序的时间就越长。

要在【开始】菜单中添加一个快捷方式，可按如下步骤进行操作：

① 在【开始】菜单上单击鼠标右键，在弹出的快捷菜单中选择【属性】选项，打开【任务栏和「开始」菜单属性】对话框，如图 2-16 所示。

② 选中【经典「开始」菜单】单选按钮，单击【自定义】按钮，打开如图 2-17 所示的对话框。

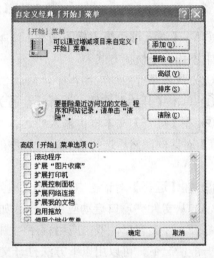

图 2-16　【任务栏和「开始」菜单属性】对话框　　图 2-17　【自定义经典「开始」菜单】对话框

③ 单击【添加】按钮，可以打开如图 2-18 所示的【创建快捷方式】对话框，在【请键入项目的位置】文本框内输入应用程序的位置和名称，或者单击【浏览】按钮来选择应用程序。

④ 单击【下一步】按钮，打开如图 2-19 所示的【浏览文件夹】对话框，选择快捷方式存放的位置。

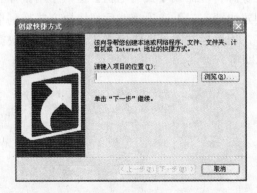

图 2-18　【创建快捷方式】对话框　　　　　　图 2-19　【浏览文件夹】对话框

⑤ 单击【下一步】按钮，打开如图 2-20 所示的【选择程序标题】对话框。

图 2-20 【选择程序标题】对话框

⑥ 在【键入该快捷方式的名称】文本框中输入名称，单击【完成】按钮就可以在【开始】菜单中添加一个快捷方式。

（2）从命令行启动应用程序。从命令行启动应用程序的操作步骤如下：

① 单击【开始】按钮，选择【运行】命令，打开【运行】对话框。

② 在【打开】文本框内输入要运行程序的位置和名称，也可以单击【浏览】按钮，打开【浏览】对话框，然后选择需要运行程序的位置和名称，单击【打开】按钮返回【运行】对话框。

③ 在【运行】对话框中，单击【确定】按钮，即可运行应用程序。

（3）从文件夹窗口启动应用程序。如果要启动的应用程序没有在【开始】菜单中显示，可以打开文件夹窗口，双击应用程序的图标打开应用程序。

一般情况下，可以用以下方法打开文件夹窗口。

- 打开【我的电脑】，双击应用程序以启动应用程序。
- 打开资源管理器，双击应用程序以启动应用程序。
- 当无法确定应用程序的位置时，可以打开【开始】菜单中的【搜索】对话框，查找出要运行的程序，然后双击该程序即可。

（4）使用快捷方式启动应用程序。如果经常使用某一个程序，可以为该程序创建一个快捷方式并置于桌面上，运行时只需双击该快捷方式即可。

创建应用程序快捷方式的操作步骤为：在资源管理器或【我的电脑】窗口中用鼠标右键单击应用程序，在弹出的快捷菜单中选择【创建快捷方式】选项，然后把快捷方式拖到桌面上即可。也可以根据需要改变快捷方式的名字，用鼠标右键单击快捷方式，在弹出的快捷菜单中选择【重命名】选项，然后输入新的名称即可。

2．关闭应用程序

关闭应用程序有以下几种方法。

- 双击应用程序左上角的关闭标志。
- 单击应用程序右上角的【关闭】按钮。
- 执行【文件】→【退出】菜单命令。
- 按"Alt+F4"组合键。

- 在任务栏上用鼠标右键单击要关闭应用程序的按钮，在弹出的快捷菜单中选择【关闭】选项。

如果程序正在运行，可以执行以下操作关闭应用程序：

（1）按 "Ctrl+Alt+Delete" 组合键，打开【Windows 任务管理器】窗口，如图 2-21 所示。

图 2-21 【Windows 任务管理器】窗口

（2）在该窗口中，选择【应用程序】选项卡，在【任务】列表中选择需要关闭的应用程序。

（3）单击【结束任务】按钮，即可关闭选定的应用程序。

3．在多个应用程序间切换

Windows XP 提供了很多在程序间切换的方法，主要有以下几种。

- **Alt+Tab 组合键**：按 "Alt+Tab" 组合键，屏幕上将出现一个包括当前所有打开窗口图标的框图，每按一次 "Tab" 键，蓝色方框就在应用程序图标上移动一下，当方框移动到要切换的窗口时，释放 "Alt" 键就可以切换到选定的窗口。
- **Alt+Esc 组合键**：按 "Alt+Esc" 组合键，可以在打开的所有窗口间进行切换。

如果应用程序窗口在屏幕上部分可见，只需用鼠标在该窗口内单击，就可以将该窗口切换到前台。

2.2 Windows XP 常用的实用操作

案例分析

问题 1 现在操作系统的主题变得越来越丰富，我们如何更改操作系统的主题桌面背景图片，如何修改显示器的屏幕保护。

问题 2 我们在使用系统时，有时声音图标没有显示，如何让它显示出来，有时放映电影时调节声音图标，声音并不能放大，当电影播放时经常有中英文双声，如何设置一个声道播放。

问题3　当我们使用麦克风时应该注意些什么，如何使用录音机给我们自己录音。

问题4　如何安装新的应用软件，如何卸载应用软件。

问题5　如何查询计算机的配置。

问题6　为了不让别人随便进入我的系统，应如何设置操作系统登录密码，如何设置多个用户。

问题7　如何安装临时打印机。

问题8　如何重新安装声卡和显卡驱动。

问题9　当某个程序卡死了，应如何强行关闭该应用程序。

案例实现

问题1的实现：

系统主题的更换：在 Windows 桌面的空白处单击鼠标右键，在弹出的快捷菜单中选择【属性】选项，在弹出的对话框中选择你所喜欢的主题，如图 2-22 所示；

选择【桌面】选项卡，从桌面图片列表中可以更换桌面图片，选择【屏幕保护】选项卡，从列表中可以更换屏幕保护。

图 2-22　【显示 属性】对话框

问题2的实现：

声音图标的显示：执行【开始】→【控制面板】菜单命令，打开【控制面板】窗口，双击打开【声音和音频设备】，如图 2-23 所示，选中【将音量图标放入任务栏】复选框；

声音的控制：双击屏幕右下角的声音图标，通过调节按钮来控制声音的大小；

声道的控制：双击屏幕右下角的声音图标，通过【波形】按钮的左右滑杆来调节左右声道。

问题3的实现：

（1）双击屏幕右下角的声音图标，去掉线路输入的勾选项。

（2）执行【开始】→【程序】→【附件】→【娱乐】→【录音机】菜单命令，单击红色按钮录音，完成后保存文件即可。

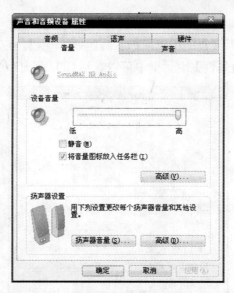

图 2-23　【声音和音频设备 属性】对话框

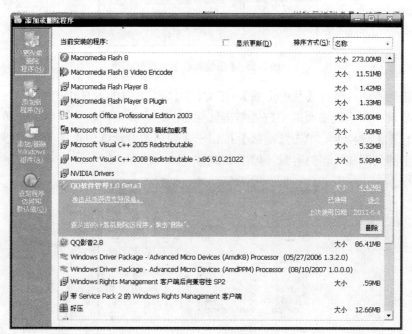

图 2-24　【添加或删除程序】窗口

问题 4 的实现：

安装应用软件：先解压，然后双击打开安装文件夹中的 setup.exe 文件，选择好安装目录，根据提示安装即可；

卸载应用软件：

方法一，在【开始】→【程序】菜单中选择应用软件项目中的卸载应用软件，如卸载 pplv 软件，单击【卸载 pplv】，然后单击【卸载】按钮即可；

方法二：执行【开始】→【控制面板】菜单命令，双击【添加或删除程序】，在弹出的窗口中选择需要删除的程序，单击【删除】按钮，如图 2-24 所示，根据提示操作即可。

问题 5 的实现：

CPU、内存的查询：在系统桌面中用鼠标右击【我的电脑】，在弹出的快捷菜单中选择【属性】选项，在弹出的【系统属性】对话框中可以看到 CPU 和内存的信息，如图 2-25 所示；

图 2-25　【系统属性】对话框

硬盘容量的查询：打开【我的电脑】，把 C、D、E、F 盘的容量相加即可；

显卡的查询：在系统桌面的空白处单击鼠标右键，在弹出的快捷菜单中选择【属性】选项，选择【设置】选项卡，单击【高级】按钮，在弹出的对话框中选择【适配器】选项卡，可以看到显卡的类型和显存的容量，如图 2-26 所示。

图 2-26　显卡的查询

问题 6 的实现：

系统登录密码的设置：执行【开始】→【控制面板】菜单命令，打开【控制面板】窗口，双击打开【用户账户】，在弹出的窗口中双击打开【计算机管理员】，创建并输入密码即可；

创建新的系统用户：在【控制面板】中打开【用户账户】，选择【创建一个新账户】，输入一个你所喜欢的用户名称即可。

问题 7 的实现：

临时打印机的安装：打开【控制面板】，打开【打印机和传真】，单击【添加打印机】超链接，单击【下一步】按钮，如果想要让别人共享你的打印机，则选择网络打印机，继续单击【下一步】按钮，选择任意一个端口，选择任意一个厂商的驱动程序，单击【下一步】按钮，完成安装，这样，一台临时打印机就安装好了，在 Excel 中做的电子表格文件就可以被打印预览了。

问题 8 的实现：

声卡和显卡驱动程序的安装：

方法一，右击【我的电脑】，在弹出的快捷菜单中选择【属性】选项，在【系统属性】对话框中，单击【硬件】选项卡中的【设备管理器】按钮，右击【声音、视频和游戏控制器】，如图 2-27 所示，选择【扫描检测硬件改动】，从弹出的窗口中选择【列表或指定位置安装】，单击【下一步】按钮，单击【浏览】按钮，放入主板自带光盘，从光盘中找到相应的驱动程序，单击【下一步】按钮即可。显卡驱动的安装在【设备管理器】窗口中右击【显示卡】，按照安装声卡的安装方法进行安装即可。

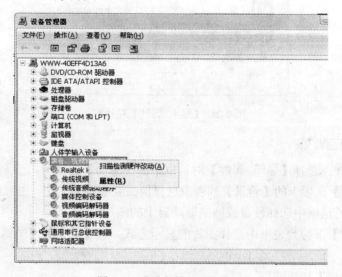

图 2-27　【设备管理器】窗口

方法二，插入光盘，打开光盘的声卡和显卡文件夹，按照光盘的提示，直接在光盘中双击【setup.exe】文件安装，选择安装的目录，完成安装。

问题 9 的实现：

强行关闭应用程序：按住 "Ctrl+Alt+Delete" 组合键，在弹出的窗口中选择那些无法响应的程序，单击【结束任务】按钮。

2.2.1　桌面显示属性的设置

在 Windows XP 操作系统中，显示器属性的设置是用户个性化工作环境最重要的体现。

通过对显示器属性进行设置，用户可以根据自己的喜好和需要选择美化桌面的背景图案，也可以设置屏幕保护程序，定义桌面外观和效果。

对显示器属性进行设置有以下两种方式。

（1）执行【开始】→【控制面板】菜单命令，弹出【控制面板】窗口，双击【显示】图标，弹出【显示 属性】对话框，如图 2-28 所示。

（2）在桌面空白处右击，在弹出的快捷菜单中选择【属性】选项，弹出【显示 属性】对话框。

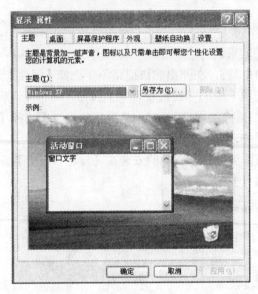

图 2-28 【显示 属性】对话框

1. 自定义桌面背景

（1）背景设置。选择【显示 属性】对话框中的【桌面】选项卡。

① 在【桌面】选项卡的【背景】列表中选择所需要的墙纸文件，也可以单击【浏览】按钮，在【浏览】对话框中选择硬盘或网络驱动器上的图片。

② 在【位置】下拉列表框中选择图片的显示方式，有【居中】、【平铺】、【拉伸】3 个选项。

③ 单击【确定】按钮即可。

（2）桌面项目设置。

① 选择【桌面】选项卡，单击【自定义桌面】按钮，弹出【桌面项目】对话框。

② 选择【常规】选项卡，可以对桌面图标的显示、桌面图标的更改、桌面项目的清理进行设置。

③ 在【Web】选项卡中，可以使用网页作为 Windows 桌面。单击【属性】按钮可以查看当前网页的属性；单击【同步】按钮，可以使桌面上的 Web 页与 Internet 上的 Web 页保持相同。

④ 单击【确定】按钮即可。

2．设置屏幕保护

选择【显示 属性】对话框中的【屏幕保护程序】选项卡，在其中可以设置屏幕保护程序和监视器的节能特效。

（1）设置屏幕保护程序。

① 在【屏幕保护程序】下拉列表框中选择一种屏幕保护程序，并在上面的显示窗口中观察具体效果。如果要查看全屏效果，可以单击【预览】按钮，预览完后单击鼠标左键返回对话框。

② 如果要对选定的屏幕保护程序进行参数设置，单击【设置】按钮，弹出【屏幕保护程序】对话框，在其中进行设置。

③ 调整【等待】微调框的值，可以设定在系统空闲多长时间后运行屏幕保护程序。

④ 如果要为屏幕保护程序加上密码，可以选中【密码保护】复选框。这样，在运行屏幕保护程序后，如想恢复工作状态，系统将要求用户输入密码。

⑤ 设置完成后，单击【确定】按钮即可。

（2）设置监视器的电源管理特性。使用【屏幕保护程序】选项卡下方的【监视器电源】选项组，可以进行节能设置。

① 单击【电源】按钮，弹出【电源选项属性】对话框。

② 在【关闭显示器】和【关闭硬盘】下拉列表中设置相应的时间，如果计算机在指定的时间内没有进行任何操作，将会自动关闭显示器或硬盘，这一设置可以有效地提高显示器和硬盘的使用寿命。

③ 设置完成后，单击【确定】按钮即可。

3．设置外观

选择【显示 属性】对话框中的【外观】选项卡，通过该选项卡，用户能够改变 Windows 在显示字体、图标和对话框时所使用的颜色和字体的大小。

（1）从【窗口和按钮】下拉列表框中选择自己喜欢的预定外观方案。系统提供了【中文版 Windows XP 样式】和【Windows 经典样式】供用户选择。

（2）在【色彩方案】下拉列表框中选择自己需要的配色方案。系统提供了【橄榄绿】、【蓝色】和【银色】3 个配色方案供用户选择。

4．设置高级属性

高级属性的设置主要是指设置桌面的颜色、分辨率、刷新频率等。

屏幕的分辨率是指屏幕所支持的像素数。在屏幕大小不变的情况下，分辨率越高，屏幕显示的内容越多。

刷新频率是指显示器的刷新速度。刷新频率太低容易使用户眼睛疲劳，所以用户应使用显示器支持的最高刷新频率。

（1）设置桌面的颜色和分辨率。选择【显示 属性】对话框中的【设置】选项卡。

① 在【颜色】下拉列表框中选择一种颜色方案。

② 在【屏幕分辨率】选项组中，拖动滑块改变分辨率。

（2）显示器的高级属性设置。单击【高级】按钮，可以改变显示器的类型等属性。

2.2.2　常用软件的安装与卸载

执行【开始】→【控制面板】菜单命令，在弹出的【控制面板】窗口中双击【添加或删除程序】图标，弹出【添加或删除程序】窗口，如图 2-29 所示。

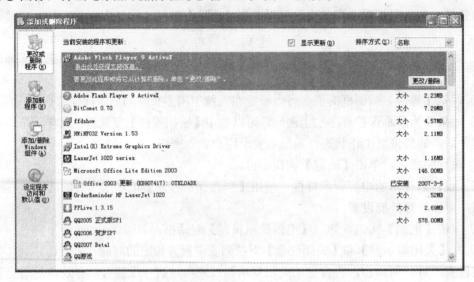

图 2-29　【添加或删除程序】窗口

1．添加新程序

单击【添加或删除程序】窗口左侧的【添加新程序】按钮，选择从软盘和光驱安装程序，用户只需要单击【CD 或软盘】按钮即可。如果选择从 Internet 安装 Windows 新程序，只需要单击【Windows Update】按钮即可。

2．更改或删除程序

在图 2-23 中显示了已经安装的程序，单击每个程序的【更改/删除】按钮，就可以对该程序进行更改或删除操作。

3．添加/删除 Windows 组件

单击【添加或删除程序】窗口左侧的【添加/删除 Windows 组件】按钮，会出现【添加/删除 Windows 组件】向导，可以方便地添加或删除 Windows 本身的组件。

Windows XP 还可以采用磁盘镜像复制的方法安装系统。为了在复制镜像的首次引导时能提供唯一的安全性 ID、计算机名称等，Windows XP 提供了一个系统准备工具，可用来准备创建用于安装的镜像。

2.2.3　声音设备的设置

声音设备包括声卡、扬声器、麦克风等，在【控制面板】窗口中双击【声音和音频设备】图标，弹出【声音和音频设备 属性】对话框，如图 2-30 所示，在对话框中可以设置它们的

属性。其中有【音量】、【声音】、【音频】、【语声】、【硬件】5 个选项卡。

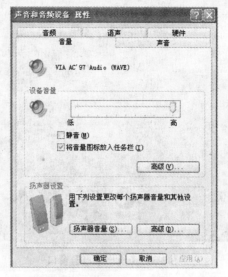

图 2-30　【声音和音频设备 属性】对话框

- 在【音量】选项卡中可以通过滑块来调节设备的音量，如果选中【静音】复选框则不发声，选中【将音量图标放入任务栏】复选框则可使调节音量更为方便，还可以单击【扬声器音量】按钮，调节左右扬声器的音量。
- 在【音频】选项卡中单击【音量】按钮，可以设置【声音播放】、【录音】和【MIDI音乐播放】的音量，单击【高级】按钮，可以设置高级属性。
- 在【语声】选项卡中可以设置【声音播放】和【录音】的音量及相应设备的高级属性。

2.2.4　系统用户的增加和系统密码的设置

当用户的计算机是多个人共同使用时，每个用户使用 Windows XP 时都希望拥有自己的桌面设置，如自己喜欢的桌面颜色、图案、屏幕保护程序等。此时需要将 Windows XP 设置成多人使用方式，这可以为不同的用户设置不同的权限，增加系统的安全性。

在【控制面板】窗口中双击【用户账户】图标，弹出如图 2-31 所示的窗口。用户可以通过选择任务来完成对用户账户的管理。

Windows XP 有两种用户类型，即计算机管理员和普通用户。计算机管理员具有最高权限，可以设置系统的所有资源；普通用户在系统设置方面均有限制。

为了加强安全性，需为每个账号设置密码，当 Windows XP 启动后，只有输入正确的用户名和密码才能进入。

要添加一个用户，单击【创建一个新账户】超链接，输入新的用户名和密码并选择权限。

要修改一个用户属性，单击【更改账户】超链接，选择要更改的用户后，可以修改用户名和密码，用以选择不同权限的组。

图 2-31 【用户账户】窗口

2.2.5 系统工具的使用

由于计算机中的数据和文件都是存储在磁盘中的，所以对磁盘的管理非常重要。针对这个问题，Windows XP 提供了多种系统工具，如备份、磁盘清理、磁盘碎片整理程序等。

1．数据的备份和还原

备份是指将磁盘上的重要数据复制一份以备用。如果系统发生硬件或存储媒体故障，则备份工具可以保护数据免受意外的损失。备份存储媒体可以是逻辑驱动器（如硬盘）、单独的存储设备（如可移动磁盘）。如果硬盘上的原始数据被意外删除或覆盖，或因为硬盘故障而不能访问该数据，则可以十分方便地从存档副本中还原该数据。备份文件的扩展名通常为.bkf，但也可以将该扩展名更改为任意扩展名。

（1）备份程序。Windows XP 中自带了一个备份工具，用户可以很方便地将自己的重要数据进行备份。具体步骤如下：

执行【开始】→【程序】→【附件】→【系统工具】→【备份】菜单命令，弹出【备份或还原向导】对话框，根据向导选择好备份文件存放的驱动器和文件名后，就可以开始备份。

如果在【备份或还原向导】对话框中选择了【高级模式】，用户会看到一个程序应用界面，如图 2-32 所示。在【备份】选项卡中，提供了计算机中驱动器、文件和文件夹的树形视图，可以使用该视图来选择要备份的文件和文件夹。用户可以完成备份的数据选择、备份文件存放的驱动器、备份文件的命名等工作。单击【开始备份】按钮，即可进行备份。

用户在备份时，可以对备份做进一步的设置。单击【高级】按钮，可以弹出【备份类型】对话框，Windows XP 提供了以下 5 种备份。

- **副本备份**：复制所有选中的文件，但不将这些文件标记为已经备份。如果要在备份和增量备份之间备份文件，复制将非常有用，因为复制不影响其他的备份操作。
- **每日备份**：复制当天修改的所有选中的文件，备份的文件将不会标记为已经备份。

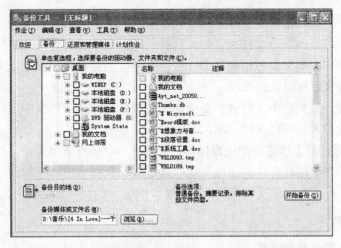

图 2-32　高级模式下的【备份】选项卡

- **差异备份**：从上次正常或增量备份后，创建或修改的差异备份副本文件，不将文件标记为已经备份。如果要执行普通备份和差异备份的组合，则还原文件和文件夹时将需要上次已经执行过的普通备份和差异备份。

- **增量备份**：只备份上一次正常或增量备份后创建或改变的文件，将文件标记为已经备份。如果要使用正常备份和增量备份的组合，需要具有上一次普通备份集和所有增量备份集，以便还原数据。

- **普通备份**：复制所有选中的文件，并且备份后标记每个文件。使用普通备份，只需要备份文件或磁盘的最新副本就能还原所有文件。在首次创建备份集时，通常会执行普通备份。

（2）还原备份的数据。还原备份的数据与备份数据刚好相反。在【备份工具】窗口中选择【还原和管理媒体】选项卡，就可以开始操作。

① 在如图 2-33 所示的选项卡中用户可以看到文件树，通过该树视图选择要还原的文件和文件夹，并允许还原的文件选择 3 个目的地中的一个。

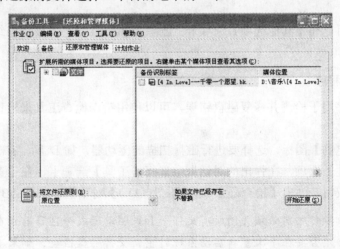

图 2-33　【还原和管理媒体】选项卡

- 将备份数据还原到备份文件夹。如果需还原已损失或丢失的文件和文件夹，可以选择此项。

- 将备份数据还原到备用文件夹。如果选择此项，则备份文件夹和文件的结构将保留到备用文件夹中。如果以后可能需要一些旧文件，但是不希望覆盖或更改磁盘上的任何文件或文件夹，可以选择此项。
- 将备份文件还原到单个文件夹。备份的文件被放到一个文件夹中。如果在搜索文件时不知道它的位置，可以选择此项。

② 单击【开始还原】按钮开始还原操作，此时有一个还原进度显示窗口显示还原的完成情况。如果用还原向导进行文件的还原操作，其过程和执行备份向导相同，只是用户选择的都是还原选项。

2．磁盘清理程序

磁盘清理程序帮助释放硬盘驱动器的空间。磁盘清理程序首先搜索驱动器，然后列出该驱动器中的临时文件、Internet 缓存文件和可以安全删除的不需要的程序文件。可以使用磁盘清理程序删除列出的部分或全部文件。

使用磁盘清理程序的方法如下：

（1）执行【开始】→【程序】→【附件】→【系统工具】→【磁盘清理】菜单命令，弹出【选择驱动器】对话框，如图 2-34 所示。

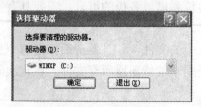

图 2-34 【选择驱动器】对话框

（2）选择要检查的本地硬盘，如 C 盘，单击【确定】按钮，弹出【磁盘清理】对话框，用户可以选择要清理的内容，也可以通过单击【查看文件】按钮来查看文件的有关信息，以免误删文件。

（3）用户还可以在【其他选项】选项卡上删除 Windows XP 不使用的组件或不需要的程序。

3．磁盘扫描程序

磁盘扫描程序用于检测并修复磁盘错误，可以使用错误检查工具来检查文件系统错误和硬盘上的坏扇区。

双击【我的电脑】图标，选择要进行磁盘扫描的驱动器，如 D 盘，右击，在弹出的快捷菜单中选择【属性】选项，在弹出的对话框中选择【工具】选项卡，在【查错】选项组中单击【开始检查】按钮，弹出【检查磁盘 本地磁盘（D:）】对话框，如图 2-35 所示。

注意：执行该操作之前必须关闭所有文件。如果驱动器或分区目前正在使用，则会弹出提示框，提示用户是否要在下次重新启动系统时重新安排磁盘检查，如果单击【是】按钮，则在下次重新启动系统时将运行磁盘检查程序。此程序运行当中该驱动器或分区不能用于执行其他任务。

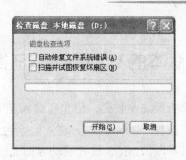

图 2-35　【检查磁盘 本地磁盘（D:）】对话框

4．磁盘碎片整理程序

磁盘碎片整理程序将计算机硬盘上的破碎文件和文件夹合并在一起，以便每一项在磁盘上分别占据单个和连续的空间。这样，系统就可以更有效地访问文件和文件夹，更有效地保存新的文件和文件夹。通过合并文件和文件夹，磁盘碎片整理程序还将合并磁盘的可用空间，以减少新文件出现碎片的可能性。

使用磁盘碎片整理程序的方法如下：

（1）执行【开始】→【程序】→【附件】→【系统工具】→【磁盘碎片整理程序】菜单命令，弹出【磁盘碎片整理程序】窗口，如图 2-36 所示。

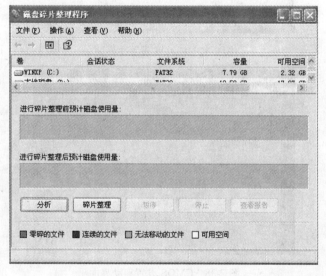

图 2-36　【磁盘碎片整理程序】窗口

（2）选择要整理的驱动器，如 C 盘，单击【分析】按钮，系统会自动地对驱动器进行分析。在【分析】显示框中用不同的颜色来显示磁盘上不同的文件分布，在【碎片整理】框中显示分析磁盘完成情况。用户可以随时结束分析进程，只要单击【暂停】或【停止】按钮即可。

（3）分析完毕后，系统会建议用户对该驱动器进行【碎片整理】、【查看报告】或【关闭】操作。单击【查看报告】按钮，打开【分析报告】对话框，用户即可查看该驱动器的一些基本信息。

综合案例一　ghost 版本的 Windows XP 操作系统的简单安装

（1）准备好一张 ghost 版本的系统安装碟，将光碟装入光驱。

（2）设置光盘为第一启动，按住"Delete 键"，进入蓝色的 CMOS 设置主界面，如图 2-37 所示，通过键盘的方向键进入第 4 项，CMOS 设置启动界面如图 2-38 所示，选择【Boot Device Priority】，按"Enter"键，进入 CMOS 设置启动顺序界面，如图 2-39 所示，通过按"Page Down"键来改变第一启动的名称为 CDROM，完成设置后按"F12"键保存退出。

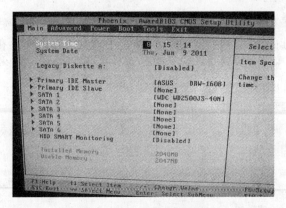

图 2-37　CMOS 设置主界面

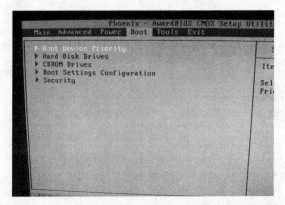

图 2-38　CMOS 设置启动界面

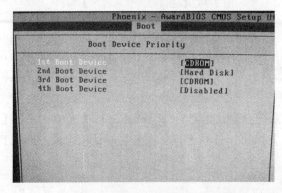

图 2-39　CMOS 设置启动顺序界面

（3）重启计算机，选择将光碟插入光驱中，进入 Windows 安装界面，如图 2-40 所示，选择第一项进入。

（4）一段时间后系统会自动安装，进入系统安装界面，如图 2-41 所示，安装完成后，重新启动计算机，把光盘取出，当计算机从硬盘启动后将光盘放入光驱，完成最后的安装。

（5）安装完成后，重新启动计算机，取出光盘，让计算机从系统正常启动，完成系统的安装。

图 2-40　Windows 安装界面

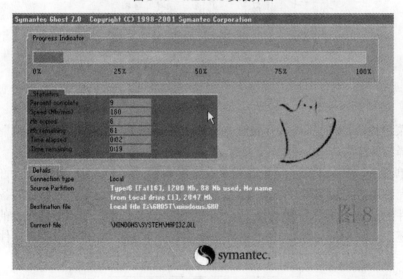

图 2-41　系统安装界面

综合应用二　如何使用一键还原软件快速备份系统和还原系统

（1）安装好一键还原精灵，当启动计算机后屏幕出现【******Press [F11] to Start recovery system******】提示行时，迅速按下"F11"键即可使用一键还原精灵（或在计算机刚启动时按住"F11"键不放）。如果安装了 NT 启动菜单则在开机菜单中可以选择进入一键还原精灵。

进入一键还原精灵后，如果系统没有备份则自动备份，按"Esc"键则进入主界面。

C 盘系统尚未备份的主界面如图 2-42 所示，备份 C 盘系统后的主界面如图 2-43 所示。单击【备份（还原）】按钮（此按钮为智能按钮，备份分区完成后自动变为【还原】按钮）或按"F11"键，即可备份/还原 C 盘系统；执行【设置】→【退出】菜单命令或按"Esc"键或单击主界面右上角的【关闭】按钮即可退出一键还原精灵。

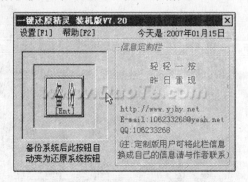

图 2-42　一键还原精灵备份界面

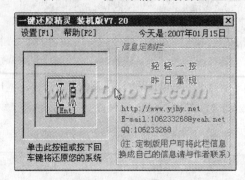

图 2-43　一键还原精灵还原界面

（2）在菜单栏中，"F1"、"F2"键分别对应设置、帮助，在按下"F1～F3"键后移动上下箭头可选择相关选项。

设置菜单栏中，单击【高级设置】按钮，如图 2-44 所示。其中，【禁止/允许重新备份】可以禁止或允许用户使用菜单栏中的【重新备份系统】功能，避免覆盖原来的备份文件，以保证备份文件的安全；【永久还原点操作】可以创建一个永久的、用户不能更改的（设置管理员密码后）还原点（备份文件），加上主界面的【备份系统】，共有两个备份文件。建议永久还原点在刚安装好操作系统和常用软件后就创建，且不要重复创建。

图 2-44　一键还原精灵高级设置

（3）【启用/禁用简单模式】如果启用简单模式，在开机时按下"F11"键 10s 后自动进行系统还原，10s 内按"Esc"键可取消还原并进入主界面，实现真正的一键还原。

【禁止/允许热键显示】如果禁止热键显示，则在开机时屏幕不会显示提示行【******Press [F11] to Start recovery system******】，需按住"F11"键不放才能进入一键还原精灵，建议不要使用此操作。

【DOS 工具箱】在进入 DOS 状态下可以运行 GHOST、DISKGEN、NTFSDOS、SPFDISK 等十多种软件，便于维护计算机。

【多分区备份还原】是固定分区特有的功能，可备份、还原多个硬盘所有的分区，最多支持 5 个硬盘，如图 2-45 所示。

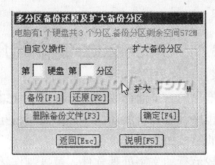

图 2-45　多分区备份还原及扩大备分分区

【使用期限设置】此功能让管理员设定用户使用一键还原精灵的期限。

【PQID 内核】或【GHOST 内核】此功能是在某些计算机不能用 GHOST 备份时调用 PQID 进行备份还原。建议只有在 GHOST 不能使用时才使用 PQID 内核。

第 3 章

Word 2003 文字处理

3.1 Office 2003 功能简介

Office 2003 是微软公司推出的一个运行在 Windows 平台上功能强大的办公软件包，其中包括多个互补的程序，这些程序具有各自的功能，但却又能相互补充，完成较复杂的工作。Office 2003 办公软件包主要的组成如下：

- **Word 2003**：目前比较流行的文字处理软件，可以制作学术论文、简历、新闻稿、表格、公函等。
- **Excel 2003**：目前比较流行的数据处理软件，可以制作数据表格、图表、简单的数据库等。
- **PowerPoint 2003**：使用 PowerPoint 2003 可以制作学术或商业演示文稿。
- **Access 2003**：用于制作网络中的数据库。
- **FrontPage 2003**：用于制作 Internet 中的网页。

3.2 Word 2003 操作基础

通过对本节的学习，能学会 Word 2003 的启动、退出、组成。

问题一：学会启动和关闭、保存 Word 文档。

问题二：了解 Word 窗口的组成。

3.2.1 Word 2003 的启动与退出

1. 启动

【案例 3-1】 Word 2003 的启动。

Word 2003 的启动方法与常规应用程序的启动方法相同，常用的方法有 4 种。

（1）快捷方式启动。双击桌面上的快捷方式图标，即可启动 Word 2003。

（2）从【开始】菜单启动。执行【开始】→【所有程序】→【Microsoft Office】→【Microsoft Office Word 2003】菜单命令，如图 3-1 所示，即可启动 Word 2003。

（3）从【运行】对话框启动。执行【开始】→【运行】菜单命令，打开【运行】对话框，如图 3-2 所示，在文本框中输入"winword"可执行文件名，单击【确定】按钮，即可启动 Word 2003。

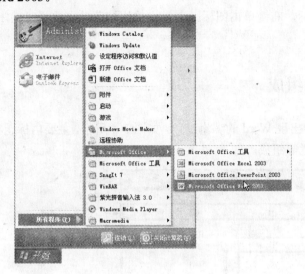

图 3-1　从【开始】菜单启动　　　　　图 3-2　从【运行】对话框启动

（4）从资源管理器中启动。打开【资源管理器】窗口，在左侧的目录树窗口中查找并打开 Office 目录，如图 3-3 所示，在右侧的窗口中双击【WINWORD.EXE】图标，即可启动 Word 2003。

图 3-3　从资源管理器中启动

2．退出

Word 2003 的退出方法与其他应用程序的退出方法相同，可任选以下方法中的一种。

（1）直接单击 Word 标题栏右上角的【关闭】按钮。

（2）执行【文件】→【退出】菜单命令。

（3）按"Alt+F4"组合键。

（4）单击【控制菜单】按钮，选择【关闭】选项。

（5）双击【控制菜单】按钮。

（6）光标指向任务栏中相应的图标，右键单击图标，在弹出的快捷菜单中选择【关闭】选项。

3.2.2　Word 2003 窗口的组成

启动 Word 2003 软件后，屏幕上会出现 Word 的编辑窗口，如图 3-4 所示，主要由标题栏、菜单栏、工具栏、文档编辑区、状态栏等组成。

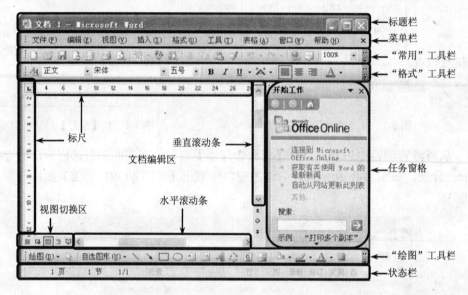

图 3-4　Word 2003 窗口的组成

（1）标题栏。Word 窗口最上面的一行是标题栏，从左到右依次包括【控制菜单】按钮、正在编辑的文档名称、应用程序的名称 Microsoft Word 及【最小化】、【最大化】和【关闭】按钮。

（2）菜单栏。Word 2003 窗口的第二行是菜单栏（用户可根据需要移动菜单栏的位置），它是 Word 2003 的核心部分，所有编辑和排版的操作命令都能在这些菜单中找到。

（3）工具栏。Word 2003 中的工具栏有很多种，通常启动 Word 之后，在主窗口中只显示"常用"工具栏和"格式"工具栏，分别如图 3-5 和图 3-6 所示。

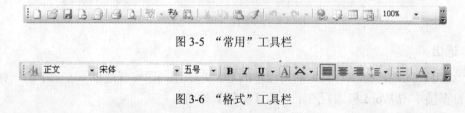

图 3-5　"常用"工具栏

图 3-6　"格式"工具栏

（4）标尺。在 Word 编辑窗口中有水平标尺和垂直标尺。

提示：标尺上的度量单位在默认情况下是以字符个数为单位的，执行【工具】→【选项】菜单命令，通过【常规】选项卡中的【度量单位】来改变刻度单位。标尺中的白色部分表示版心的宽度，灰色部分表示页边距。

（5）文档编辑区。窗口中心大块的白色区域是文档编辑区，用来显示输入的文本、插入的图片/图形、加工的文档等。

（6）滚动条。Word 提供了垂直和水平两种滚动条，使用滚动条可以快速移动文档。

（7）状态栏。窗口的最下面一行是状态栏，如图 3-7 所示，用来显示文档的页号、行号和列号，以及在工作时的一些操作提示信息等。

| 1 页 | 1 节 | 1/1 | 位置 2.5厘米 | 1 行 | 1 列 | 录制 修订 扩展 改写 | 中文(中国) | |

图 3-7　状态栏

实战任务

（1）启动 Word 应用程序，认真查看 Word 窗口的各个组成部分，尤其是查看菜单栏中每个菜单项下都包含哪些命令，以及"常用"工具栏和"格式"工具栏上各个工具按钮的功能。

（2）练习如何显示和隐藏工具栏。

3.3　在 Word 中制作文档

通过对本节的学习，能完成 Word 文档的制作任务，如图 3-8 所示。

> 四大名亭
>
> 安徽滁县醉翁亭、北京陶然亭、湖南长沙爱晚亭、浙江杭州湖心亭被称为中国"四大名亭"。
>
> 【醉翁亭】坐落在安徽滁州市西南琅琊山麓，是安徽省著名古迹之一，宋代大散文家欧阳修写的传世之作《醉翁亭记》心的就是此亭。
>
> 【陶然亭】公园位于北京市南二环陶然桥西北侧。它是中华人民共和国建国后，首都北京最早兴建的一座现代园林。其地为燕京名胜，素有"都门胜地"之誉，年代久远，史迹斑驳。
>
> 【爱晚亭】爱晚亭位于岳麓书院后青枫峡的小山上。原名"红叶亭"，又名"爱枫亭"。后经清代诗人袁枚建议，湖广总督毕沅据唐代诗人杜牧《山行》而改名为爱晚亭，取"停车坐爱枫林晚，霜叶红于二月花"之诗意。
>
> 【湖心亭】湖心亭，在杭州西湖中央，初名"振鹭亭"，又称"清喜阁"。始建于明嘉靖三十一年(1552 年)，明万历后才改名"湖心亭"。游人登此楼观景，称为"湖心平眺"，是清代西湖十八景之一。

图 3-8　制作 Word 文档

问题一：学会新建 Word 文档、保存文档、打开文档。

问题二：学会在文档中输入文本和符号。

问题三：学会对文本进行编辑操作（文本的选定、复制、剪切、粘贴、删除、移动）。

问题四：学会文本的查找与替换操作。

问题五：学会插入批注、脚注与尾注。

3.3.1　新建文档

每次启动 Word 时，系统会自动地创建一个名为"文档 1"的空白新文档，此时即可直接输入内容。

在已经打开一个文档的基础上，我们可以继续建立多个新的文档，方法如下：

（1）按"Ctrl +N"组合键。

（2）单击"常用"工具栏上的【新建】按钮。

（3）单击任务窗格中【新建】列表中的【空白文档】按钮。

3.3.2　输入文本和符号

1．输入文本

对于普通的汉字、英文字符和数字的输入，只需切换到相应的输入状态，直接输入相应的字符即可。当文字输入到一行的末尾时，Word 会自动换行，当输完一段文字时，可以按下键盘上的"Enter"键来转到下一段，即另起一段。

2．输入符号

对于像 🔋、♬、✎、🎞、⏭、✋、☝、～、📖、✍ 等符号的输入，可以使用【插入】菜单中的【符号】和【特殊符号】命令进行输入。

提示：在 Word 2003 中，将符号分成两大类，即符号和特殊字符。符号类又按字体分成多类，如普通文本、拉丁文本、宋体、黑体、华文楷体、Webdings、Wingdings 等；特殊字符类中包括长画线、短画线、不间断连字符、省略号等。

【案例 3-2】　在 Word 中输入文字与符号。

输入文字：

（1）切换输入法至中文输入法状态。

（2）直接输入文字"三字经"。

（3）按"Enter"键，继续输入"人之初，性本善。性相近，习相远。"

（4）按"Enter"键，继续输入"苟不教，性乃迁。教之道，贵以专。"

（5）按"Enter"键，继续输入"养不教，父之过。教不严，师之惰。"

（6）按"Enter"键，继续输入"子不学，非所宜。幼不学，老何为？"

输入完成后如图 3-9 所示。

输入 📖 和 ☞ 符号：

（1）将鼠标指针放到第一段文字的行首。

（2）执行【插入】→【符号】菜单命令，弹出【符号】对话框，如图 3-10 所示，从【字体】右端的下拉列表中选择【Wingdings】项，找到符号 📖。

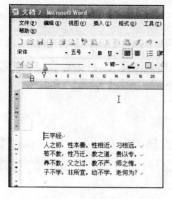

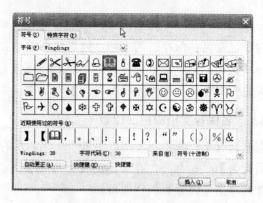

图 3-9　输入的文字　　　　　　　　　　图 3-10　【符号】对话框

（3）双击该符号或单击【插入】按钮，即可将符号插入第一行行首，同样，在第二、三、四、五行行首输入另外一个符号☞，然后关闭对话框，如图 3-11 所示。

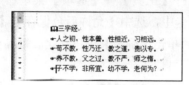

图 3-11　输入的符号

3.3.3　保存文档

输入完文档后，需要将其保存在磁盘中，以便再次打开进行编辑。

1．保存新文档

保存新文档常用的方法有以下 3 种：

（1）执行【文件】→【保存】菜单命令。

（2）单击"常用"工具栏上的【保存】按钮。

（3）按"Ctrl +S"组合键。

以上几种方法都会弹出【另存为】对话框，如图 3-12 所示。在该对话框中需要指定文档的保存位置、文档名及文档类型（默认情况下，保存类型为 Word 文档，文档的扩展名为.doc），单击【保存】按钮，完成保存操作。

图 3-12　【另存为】对话框

2. 保存已命名文档

对于已命名并保存过的文档，只需要单击"常用"工具栏中的【保存】按钮，或执行【文件】→【保存】菜单命令来保存当前文档，系统自动将当前文档的内容保存在同名的文档中并覆盖先前文档，不再弹出【另存为】对话框。

3. 改名保存文档或更改位置

有些情况下，需要将文档以另外一个名称保存或更改文档的保存位置，可以执行【文件】→【另存为】菜单命令，在弹出的【另存为】对话框中重新为文档命名或重新指定文档的保存位置，单击【保存】按钮即可。

4. 自动保存

在输入文档时可能遇到死机、停电等问题，为此 Word 提供了在指定时间间隔自动保存文档的功能。其操作方法是：执行【工具】→【选项】菜单命令，弹出【选项】对话框，如图 3-13 所示，在【保存】选项卡中，选中【允许后台保存】、【自动保存时间间隔】复选框，然后输入需要的时间间隔，最后单击【确定】按钮，此后每隔相应的时间间隔，Word 就会自动保存一次文档。

图 3-13 【选项】对话框

3.3.4 打开文档

如果要对保存在磁盘上的文件进行再次编辑，就需要先将其打开。

1. 打开文档

在 Word 中打开文档，常用的方法有 3 种：

（1）执行【文件】→【打开】菜单命令。

（2）单击"常用"工具栏上的【打开】按钮。

（3）按 "Ctrl +O" 组合键。

以上几种方法都会弹出【打开】对话框，如图 3-14 所示。在该对话框中找到文档所在的位置，然后选择文档，单击【打开】按钮即可。

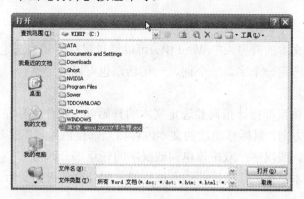

图 3-14　【打开】对话框

2．其他打开文档的方法

（1）可以通过双击文档名，在启动 Word 的同时直接打开文档。

（2）在【文件】菜单中列出了最近使用过的文档名称，单击文档名即可打开相应的文档。

3．打开及修改文档的密码设置

如果不希望自己的文档被他人访问或者修改，可以通过为文档设置密码来进行保护。密码分为打开文件时的密码和修改文件时的密码。在编辑状态下，为文档设置密码的方法如下：

执行【工具】→【选项】菜单命令，弹出【选项】对话框，选择【安全性】选项卡，设置打开文件时的密码和修改文件时的密码，如图 3-15 所示。

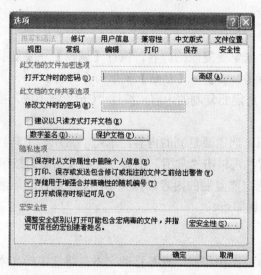

图 3-15　【安全性】选项卡

3.3.5　编辑文档

当输入文档后，就可以对文档进行编辑，如选定文本、复制文本、移动文本、删除文本等。

【**案例 3-3**】 文本操作。

1．选定文本

选定文本是编辑文本的前提，在 Word 中，可以通过鼠标拖动来选定文本，也可以通过键盘来选定文本，可以选定一个字、一个词、一句话，也可以选定整行、整个段落、全文或不规则区域中的文本等。

（1）任意选定：将鼠标指针指向要选定文本的开始处，按住鼠标左键拖拉，由左向右、由上向下或者向相反方向，鼠标移动过的文本内容将全部反白显示，放开鼠标左键即可选定。

（2）选定一个单词或汉字：双击该单词或汉字的任意部分即可。

（3）选定一行文本：将鼠标指针移动到该行的左侧，直到指针变为 ⌐（指向右上方的箭头）时，单击鼠标。

（4）选定一个段落：将鼠标指针移动到该段落的左侧，当指针变为 ⌐ 时，双击鼠标即可，或者在该段落中的任意位置三次单击鼠标左键。

（5）选定多行文本：将鼠标指针移动到该行的左侧，当指针变为 ⌐ 时，向上或向下拖动鼠标。

（6）选定一块矩形区域的文本：按住"Alt"键不放，然后拖拉鼠标，选定文本。

（7）选定整篇文档：将鼠标指针移动到文档中任意正文的左侧，当指针变为 ⌐ 时，三次单击鼠标左键；也可按"Ctrl+A"组合键来选定整个文档；或者执行【编辑】→【全选】菜单命令。

（8）取消选定：在选定的区域之外，单击鼠标，即可取消选定。

2．复制文本

复制文本的方法有下列几种：

（1）利用菜单命令。选定要复制的内容，执行【编辑】→【复制】菜单命令，然后将光标定位到目标位置，执行【编辑】→【粘贴】菜单命令即可。

（2）利用鼠标拖动。选定要复制的内容，按住"Ctrl"键不放，拖动选定的内容到目标位置后，松开鼠标即可。

（3）利用工具栏按钮。选定要复制的内容，单击"常用"工具栏上的【复制】按钮，然后将光标定位到目标位置，再单击"常用"工具栏上的【粘贴】按钮即可。

（4）利用快捷键。选定要复制的内容，按"Ctrl+C"组合键，然后将光标定位到目标位置，再按"Ctrl+V"组合键即可。

3．移动文本

移动文本与复制文本的操作相似，只是移动文本是将选定的文本移动到另外一个位置，从始至终，文档中只有一个被选定的文本。

移动文本可以通过下面几种方法来完成：

（1）利用菜单命令。选定要移动的文本，然后执行【编辑】→【剪切】菜单命令，接着将光标定位到目标位置，执行【编辑】→【粘贴】菜单命令即可。

（2）利用鼠标拖动。选定要移动的内容，在选定的内容上按住鼠标左键并拖动，此时鼠标指针变成 形状，拖动到指针目标位置后，松开鼠标即可。

（3）利用工具栏按钮。选定要移动的内容，单击"常用"工具栏上的【剪切】按钮，然后将光标定位到目标位置，再单击"常用"工具栏上的【粘贴】按钮即可。

（4）利用快捷键。选定要移动的内容，按"Ctrl+X"组合键，然后将光标定位到目标位置，再按"Ctrl +V"组合键即可。

4．删除文本

对于少量字符，可用"Backspace"键删除光标前面的字符，用"Delete"键删除光标后面的字符。

要删除大量的文本，先用鼠标选定要删除的文本，然后按"Delete"键或"Backspace"键。

5．撤销与恢复

（1）【撤销】命令的作用可以形象地称为"后悔"，即当做错了一个动作，如删除了不该删除的内容、移错了位置等，这时 Word 允许使用【撤销】命令取消上一次所做的操作。操作方法有以下几种：

① 执行【编辑】→【撤销】菜单命令。

② 单击"常用"工具栏上的【撤销】按钮 。

③ 按"Ctrl +Z"组合键。

（2）【恢复】命令与【撤销】命令的作用相反，它是重复上一次所做的操作。操作方法有以下几种：

① 执行【编辑】→【恢复】菜单命令。

② 单击"常用"工具栏上的【恢复】按钮 。

提示：如果不能恢复上一项操作，则【恢复】命令或按钮将变为暗灰色，无法使用。

3.3.6　查找和替换

当文档较长时，要人工查找或修改某处错误是很困难的，Word 提供的【查找和替换】命令可以帮助我们快速找到指定的文字并对其进行修改。

（1）查找。【查找】命令能快速确定给定文本在文档中出现的位置，同时也可通过设置高级选项来查找特定格式的文本、特殊字符等。操作方法是：执行【编辑】→【查找】菜单命令，弹出【查找和替换】对话框，如图 3-16 所示。在【查找内容】框内输入要查找的文本，然后单击【查找下一处】按钮，则光标会停在查到的文本上，在查找过程中，可按"Esc"键取消正在进行的搜索。

图 3-16　【查找和替换】对话框

单击【高级】按钮,可以打开【查找和替换】的高级选项,如图 3-17 所示,它允许查找特定格式的文本。

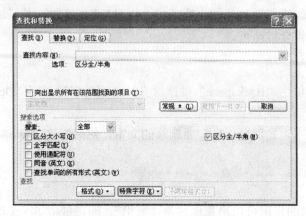

图 3-17 【查找和替换】高级选项对话框

(2)替换。【替换】命令一般用于将整个文档或选定范围内的某项内容全部替换,以提高文档编辑的效率。操作方法是:执行【编辑】→【替换】菜单命令,弹出【查找和替换】对话框,在【查找内容】框内输入要替换的文本,在【替换为】框内输入替换文本,如图 3-18 所示,用"中华人民共和国"替换"中国",输入文本后,单击【查找下一处】、【替换】或者【全部替换】按钮进行操作。

图 3-18 【替换】选项卡

提示:如果【替换为】框内没有输入任何文本,则等于删除相应的文本。

3.3.7 插入批注、脚注与尾注

1. 插入批注

批注是审阅者添加到独立的批注窗口中的文档注释或者注解,当审阅者只是评论文档,而不直接修改文档时要插入批注,因为批注并不影响文档的内容。插入批注的步骤如下:

(1)将光标移到要插入批注的位置或者选定要插入批注引用的文本。

(2)执行【插入】→【批注】菜单命令,此时会出现【批注】窗口。

(3)在【批注】窗口中输入文字,并且可以对批注文字进行格式化,即可完成批注的插入。如果要切换到文档窗口中,则用鼠标直接在文档窗口中单击即可。

2. 插入脚注、尾注

脚注和尾注是对文本的补充说明。脚注一般位于页面的底部,可以作为文档某处内容的

注释；尾注一般位于文档的末尾，如列出引文的出处等。插入脚注和尾注的操作如下：

（1）将插入点置于需要插入脚注格式的节中，如果没有分节，可将插入点置于文档中的任意位置。

（2）执行【插入】→【引用】→【脚注和尾注】菜单命令，弹出【脚注和尾注】对话框。

（3）选中【脚注】单选按钮。

（4）在【编号格式】框中，选择所需的格式类型，如果文档分为多个节，在【更改应用于】下拉列表中选择【本节】选项，则只更改本节的脚注格式；选择【整篇文档】选项，则会更改全文的脚注格式。

（5）单击【插入】按钮。

实战任务

（1）在桌面上新建一个 Word 文档，命名为"个人简历"，文档内容以自己的真实情况输入。

（2）插入符号。

利用键盘或软键盘输入以下符号：

¥　　%　　……　　①　　£　　10℃　　№　　※　　◆

使用 Word 的插入符号功能，插入以下符号：

✄　　✆　　📖　　✉　　☎　　☞　　♀　　♫

（3）输入以下文字，并将文章中所有的【战争】字符设置为红色。

走近军事科学

军事科学是研究战争的本质和规律，并用于指导战争的准备与实施的科学。

战争是人类社会发展到一定历史阶段出现的特殊社会现象。原始社会部落或部落联盟之间的暴力冲突，可以看做是战争的初始时期。几千年来，战争绵延不断，愈演愈烈。战争是客观存在的，有其发生、发展和消亡的规律。人们为了指导战争顺利进行，不断总结战争实践经验，探索战争的客观规律，寻求克敌制胜的手段和方法。军事科学就是在这个基础上形成的。

军事科学是具有特定范畴的独立科学。它以战争为研究对象，而战争是有自己特殊的内涵和规律性的。同时，战争是极其复杂的社会现象，是敌对双方力量的总较量，战争的准备与实施涉及各个方面，所以军事科学又是一门综合性很强的科学。

3.4　在 Word 中格式化文档

通过对本节的学习，能完成文档的编辑排版操作，如图 3-19 所示。

问题一：学会字符格式设置（字体、字号、字形、颜色、下画线、字符间距）。

问题二：学会段落格式设置（段落的对齐、缩进、制表位、行距、段落间距）。

问题三：学会文本编辑操作（文本复制、剪切、粘贴、删除、移动）。

问题四：学会边框和底纹设置（文本的边框与底纹，段落的边框与底纹）。

问题五：学会使用项目符号和编号。

问题六：学会段落分栏与格式刷的使用。

问题七：学会设置页眉和页脚。

问题八：学会首字下沉与文字方向设置。

问题九：学会公式编辑器的使用。

问题十：学会背景与水印效果设置。

四大名亭

安徽滁县醉翁亭、北京陶然亭、湖南长沙爱晚亭、浙江杭州湖心亭被称为中国"四大名亭"。

【醉翁亭】坐落在安徽滁州市西南琅琊山麓，是安徽省著名古迹之一，宋代大散文家欧阳修写的传世之作《醉翁亭记》心的就是此亭。

【陶然亭】公园位于北京市南二环陶然桥西北侧。它是中华人民共和国建国后，首都北京最早兴建的一座现代园林。其地为燕京名胜，素有"都门胜地"之誉，年代久远，史迹斑驳。

【爱晚亭】爱晚亭位于岳麓书院后青枫峡的小山上。原名"红叶亭"，又名"爱枫亭"。后经清代诗人袁枚建议，湖广总督毕沅据唐代诗人杜牧《山行》而改名为爱晚亭，取"停车坐爱枫林晚，霜叶红于二月花"之诗意。

【湖心亭】湖心亭，在杭州西湖中央，初名"振鹭亭"，又称"清喜阁"。始建于明嘉靖三十一年(1552 年)，明万历后才改名"湖心亭"。游人登此楼观景，称为"湖心平眺"，是清代西湖十八景之一。

图 3-19　文档的编辑排版

3.4.1　设置字符格式

字符格式是字符的外观显示方式，主要包括字体、字号、字形、边框、底纹等。字体是指字符的形状；字号是指字符的大小；字形是指对字符做的一些修饰，如粗体、斜体、加下画线、设置上下标和颜色等。在 Word 中，系统默认的字符格式为黑色五号宋体。

设置字符格式可以通过"格式"工具栏或【格式】菜单中的【字体】命令来操作。

1. 利用"格式"工具栏设置字符格式

"格式"工具栏可以对字符的字体、字号、加粗、倾斜、下画线、字符边框、字符底纹、字符缩放、上下标和字体颜色进行设置。具体操作步骤如下：

（1）选定需要设置格式的字符。

（2）单击工具栏上相应的按钮，即可完成格式设置。

【案例 3-4】　利用工具栏设置字符格式。

（1）输入文字"玉不琢，不成器；人不学，不知义"。

（2）选定文字"玉不琢"。

（3）从"格式"工具栏上的【字体】下拉列表中选择【华文新魏】；从【字号】下拉列表中选择【三号】；设置字体颜色为绿色。

（4）重复上面 3 个步骤，对其他字符的格式进行设置。将"不成器"设置为四号隶书粉色；"人不学"设置为三号华文彩云蓝色加粗；"不知义"设置为四号宋体红色，带字符底纹和下画线，效果如图 3-20 所示。

图 3-20　设置字符格式效果

2．利用菜单命令设置字符格式

具体操作步骤如下：

（1）选定需要设置格式的字符。

（2）执行【格式】→【字体】菜单命令，弹出【字体】对话框，如图 3-21 所示。在对话框中，用相应的选项来格式化字符。

图 3-21　【字体】对话框

【字体】对话框中有【字体】、【字符间距】和【文字效果】3 个选项卡。

如果想取消设置的效果，仍然需要选定文字，然后执行相应的设置操作。Word 中的字符格式设定示例如表 3-1 所示。

表 3-1　Word 中的字符格式设定示例

字符格式名称	示　例
正常字符	计算机基础
单删除线	计算机基础
双删除线	计算机基础
上标（数字 2 为上标）	X^2
下标（数字 2 为下标）	H_2O
阴影	计算机基础
空心	计算机基础
阳文（有凸起感）	计算机基础
阴文（有凹陷感）	计算机基础
倾斜	*计算机基础*
加粗	**计算机基础**
下画线	计算机基础
着重号	计算机基础
字符缩放 130%	计算机基础
字符缩放 80%	计算机基础
字符间距加宽为 1.3 磅	计 算 机 基 础

字符格式名称	示　　例
字符间距紧缩 1 磅	计算机基础
字符位置提升	计算机基础
字符位置降低	计算机基础

3.4.2　设置段落格式

段落的排版格式记录并保存着该段落的格式编排信息，如段落的对齐、缩进、制表位、行距、段落间距、边框与底纹等。

段落的格式设置，既可以在"格式"工具栏中进行设置，也可以在【段落】对话框中进行设置。

1．设置段落缩进

左缩进：段落的所有行左侧均向右缩进一定的距离。

右缩进：段落的所有行右侧均向左缩进一定的距离。

首行缩进：段落的第一行向右缩进一定的距离，其他行不变。中文文档一般都采用首行缩进 2 个汉字的方式。

悬挂缩进：除段落的第一行外，其他行均向右缩进一定的距离。这种缩进格式一般用于参考条目、词汇表项目等。

设置段落缩进可以通过【段落】对话框中的【缩进】框来完成，如图 3-22 所示，也可以通过标尺上的段落缩进按钮来缩进文本，如图 3-23 所示。

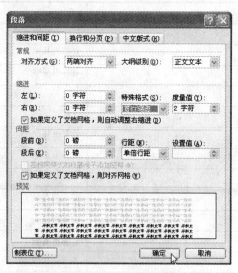

图 3-22　【段落】对话框

设置段落缩进的操作步骤如下：

（1）将光标放到要设置缩进格式的段落中的任意位置。

（2）按下水平标尺上的段落缩进按钮并拖动，即可设置相应的缩进格式，也可用【段落】

对话框中的【缩进】框进行精确的缩进。各种不同缩进格式的效果分别如图 3-24～3-27 所示。

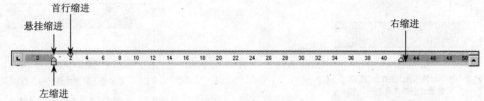

图 3-23　段落缩进按钮

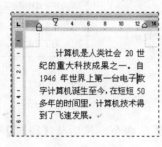

图 3-24　首行缩进

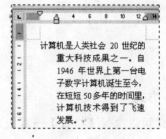

图 3-25　悬挂缩进

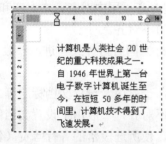

图 3-26　左缩进

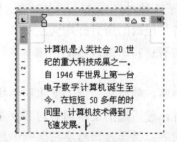

图 3-27　右缩进

2．设置段落间距

段落间距是指相邻两个段落之间的距离。段落间距包括段前间距和段后间距两部分。两个段落之间的实际距离等于前一段落的段后间距加上后一段落的段前间距。

设置段落间距的具体操作步骤如下：

（1）将光标放到要调整段落间距的段落中的任意位置。

（2）执行【格式】→【段落】菜单命令，打开【段落】对话框。

（3）在【段前】、【段后】文本框中输入数值，单击【确定】按钮，即可调整段落间的距离。

3．设置行距

行距是指段落中相邻两行文字之间的距离。

设置行距的具体操作步骤如下：

（1）将光标放到要设置行距的段落中的任意位置。

（2）执行【格式】→【段落】菜单命令，打开【段落】对话框。

（3）在【行距】下拉列表中选择行距类型。

如果选择的是【固定值】或【最小值】，还需在【设置值】文本框中输入或选择具体的行距值；如果选择的是【多倍行距】，则应在【设置值】文本框中输入或设置相应的倍数。

（4）单击【确定】按钮，完成行距的设置，效果如图 3-28 所示。

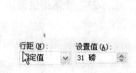
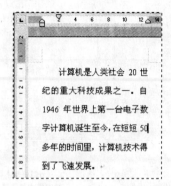

图 3-28　设置行距效果

4．设置对齐方式

设置对齐方式可以执行【格式】→【段落】菜单命令，然后从【段落】对话框的【对齐方式】下拉列表框中选择。

Word 提供了 5 种对齐方式，即左对齐、两端对齐、居中对齐、右对齐和分散对齐。

（1）左对齐：段落的所有行均向左对齐，右边不对齐。

（2）两端对齐：将所选段落的两端（末行除外）同时对齐或缩进，一般用于设置文档的正文等。

（3）居中对齐：使所选段落的文本居中排列，一般用于设置文档标题等。

（4）右对齐：使所选的文本向右对齐，左边不对齐，一般用于设置文档落款等。

（5）分散对齐：是通过调整字符之间的距离，使所选段落的各行等宽（包括最后一行）。

3.4.3　设置边框和底纹

1．设置边框

可以对文本、段落、页添加边框，操作步骤如下：

（1）要为一段文本添加边框，应选定该文本；要为段落添加边框，可单击该段落中的任意位置。

（2）执行【格式】→【边框和底纹】菜单命令，在弹出的对话框中选择【边框】选项卡，如图 3-29 所示。

（3）选择边框的样式，如方框、阴影、三维等。

（4）选择边框的线型、颜色和宽度。

（5）在【应用于】下拉列表中选择是对【文字】还是对【段落】设置边框。

（6）在【预览】项下，可对边框的线条个数进行设置。

（7）单击【确定】按钮，即可对文字或段落设置边框。

（8）选择【页面边框】选项卡，如图 3-30 所示，在【艺术型】下拉列表中可设置艺术型页面边框。

提示："格式"工具栏上的【字符边框】按钮只能为文本设置边框，不能用于段落，且边框默认为黑色实线边框。要进行更为复杂的边框设置，可以通过【边框和底纹】对话框来实现。

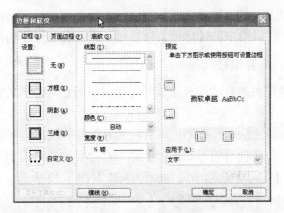

图 3-29 【边框】选项卡

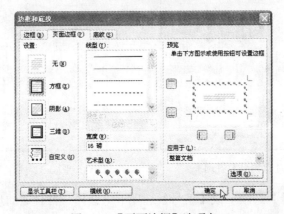

图 3-30 【页面边框】选项卡

2．设置底纹

为文本和段落设置底纹与设置边框的方法类似。首先选择文本或将光标定位于段落中，然后执行【格式】→【边框和底纹】菜单命令，弹出【边框和底纹】对话框，选择【底纹】选项卡，从中选择所需的选项，如填充、图案等，单击【确定】按钮即可。

提示："格式"工具栏上的【字符底纹】按钮只能为文本设置底纹，不能用于段落，且底纹默认为灰色。要进行更为复杂的底纹设置，可以通过【边框和底纹】对话框来实现。

3.4.4　使用项目符号和编号

Word 中提供了【项目符号和编号】命令，可以自动为段落添加项目符号和编号。

1．自动编号

Word 具备自动识别编号的功能，例如，当输入"1."后，接着输入段落内容并按"Enter"键，则在下一行自动出现"2."，即 Word 会调用自动编号功能为段落设置编号。如果不希望系统进行自动编号，可用下列方法取消自动编号功能：

（1）按"Backspace"键，将自动出现的编号删除。

（2）使用"Ctrl+Z"组合键，取消自动编号功能。

（3）单击"格式"工具栏中的【编号】按钮 ☰ ，取消自动编号功能。

（4）单击"常用"工具栏中的【撤销】按钮 ↺ ，取消自动编号功能。

2. 设置单级项目符号和编号

除了可以利用系统提供的自动编号功能外，也可以为已经输入的段落内容添加项目符号和编号。其操作步骤如下：

（1）利用鼠标拖动的方法选择要添加项目符号和编号的段落。

（2）执行【格式】→【项目符号和编号】菜单命令，弹出【项目符号和编号】对话框，【项目符号】选项卡和【编号】选项卡分别如图 3-31 和图 3-32 所示。

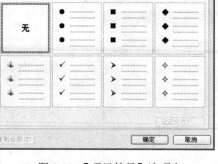

图 3-31 【项目符号】选项卡　　　　　　　图 3-32 【编号】选项卡

（3）从【项目符号】选项卡或【编号】选项卡中选择一种合适的形式。如果没有所需的项目符号或编号，可以单击对话框中的【自定义】按钮来创建新的项目符号和编号。

（4）单击【确定】按钮，完成项目符号和编号的添加操作。

注意：一个段落开始的编号和项目符号一般不是手工输入的，而是在输入完段落内容后添加的，这样便于以后修改。

【案例 3-5】　在 Word 中为文本添加项目符号。

（1）切换输入法至中文输入法状态。

（2）直接输入文字"养不教，父之过。教不严，师之惰。"

（3）按"Enter"键，继续输入"子不学，非所宜。幼不学，老何为？"

（4）按"Enter"键，继续输入"玉不琢，不成器；人不学，不知义。"

（5）按"Enter"键，继续输入"为人子，方少时，亲师友，习礼仪。"

输入完成后如图 3-33 所示。

（6）选中要添加项目符号的文本，单击"格式"工具栏中的【项目符号】按钮 ☰ ，添加项目符号，然后再修改项目符号。

（7）执行【格式】→【项目符号和编号】菜单命令，弹出【项目符号和编号】对话框，选择【项目符号】选项卡。

（8）单击【自定义】按钮，弹出【自定义项目符号列表】对话框，如图 3-34 所示。

（9）单击【字符】按钮，弹出【符号】对话框，如图 3-35 所示。双击所需符号，单击【确定】按钮，完成操作。添加项目符号 后的效果如图 3-36 所示。

图 3-33　输入的文字

图 3-34　【自定义项目符号列表】对话框

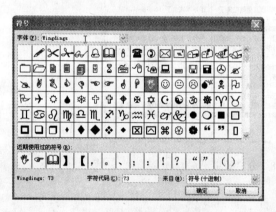

图 3-35　【符号】对话框

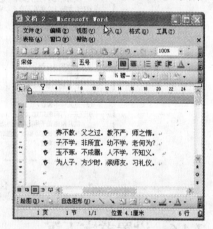

图 3-36　添加项目符号后的效果

3. 设置多级编号

对于类似于图书目录中的"1.1"、"1.1.1"等逐段缩进形式的段落编号，可使用【项目符号和编号】对话框中的【多级符号】选项卡来设置。其操作方法与设置单级项目符号和编号的方法基本一致，只是在输入段落内容时，需要按照相应的缩进格式进行输入。

3.4.5　段落分栏

有时为了节省空间或增加文档的表现力，可以对文档中的某些段落进行分栏。其操作步骤如下：

（1）选中给定段落中的所有文字。

（2）执行【格式】→【分栏】菜单命令，弹出【分栏】对话框，如图 3-37 所示。

（3）在对话框的【预设】项中选择分栏的数目，然后确定是否有分隔线、栏宽、栏间距。

（4）在【应用于】下拉列表中选择【所选文字】选项。

（5）单击【确定】按钮，关闭对话框，完成操作。

分栏效果如图 3-38 所示。

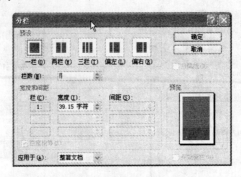

图 3-37 【分栏】对话框

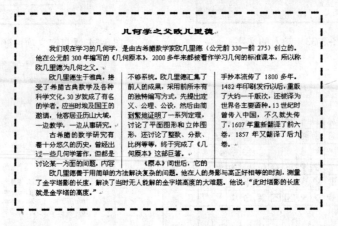

图 3-38 分栏效果

3.4.6 设置首字下沉

首字下沉是指将段落的第一个字的位置及大小进行特殊的设定，使它能占据几行文字的位置。

设置首字下沉的操作步骤如下：

（1）将光标定位在需要设置首字下沉段落的任意处，执行【格式】→【首字下沉】菜单命令，弹出【首字下沉】对话框，如图 3-39 所示。

图 3-39 【首字下沉】对话框

（2）在【位置】选项区域中选择下沉方式，在【选项】选项区域中设置字体、下沉行数和与正文的距离。

注意：在分栏的文本中有首字下沉时，应先分栏再首字下沉，若要取消分栏，则先取消首字下沉再取消分栏。取消分栏在【分栏】对话框中设置，取消首字下沉在【首字下沉】对话框中设置。

3.4.7　格式刷的使用

在 Word 中，格式（如字体、字号、行距、边框等）同文字一样是可以复制的。用格式刷可以很方便地将一些文本或段落的格式复制到其他文本或段落中，使它们具有相同的格式。

1．复制段落格式

段落格式包括对齐方式、缩进、行距等，使用格式刷复制段落格式的操作步骤如下：
（1）将光标定位在该段落内。
（2）单击"常用"工具栏上的【格式刷】按钮，此时指针变为刷子形状。
（3）把刷子形状的指针，移到希望应用此格式的段落中，单击段内的任意位置，即可完成段落格式的复制。

2．复制字符格式

字符格式包括字体、字号、字形等，使用格式刷复制字符格式的操作步骤如下：
（1）选定希望复制其格式的文本（不能包括段末的回车符）。
（2）单击"常用"工具栏上的【格式刷】按钮，此时指针变为刷子形状。
（3）用刷子形状的指针选取应用此格式的文本，然后松开鼠标即可完成字符格式的复制。

3．多次复制格式

如果需要将选定的格式复制到多个不同的对象上，则需要双击工具栏上的【格式刷】按钮，此后鼠标指针一直处于有效状态，然后将格式复制到不同的对象，全部完成后再次单击【格式刷】按钮或按"Esc"键即可恢复正常的编辑状态。

3.4.8　公式编辑器

有时文档资料要输入数学公式与符号，利用公式编辑器可以方便地实现。输入公式的操作步骤如下：
（1）将插入点定位于要加入公式的位置，执行【插入】→【对象】菜单命令，弹出【对象】对话框，如图 3-40 所示。
（2）在对话框的【新建】选项卡中选择【Microsoft 公式 3.0】选项，单击【确定】按钮，进入公式编辑器状态，显示"公式"工具栏和菜单栏，如图 3-41 所示。
其中，"公式"工具栏的上行是各种数学符号字符按钮，下行是数学公式的模板按钮，其上有一个或多个空插槽，利用这些空插槽可以插入一些积分、矩阵等公式符号。

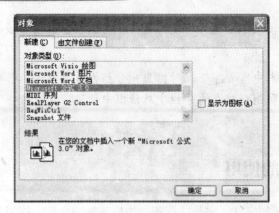

图 3-40 【对象】对话框

例如，建立下面的数学公式：

$$z = \sum_{i=0}^{100}(\sqrt[2]{x^i - a} + x^i - y^i) + \int_l^a f(x)\mathrm{d}x$$

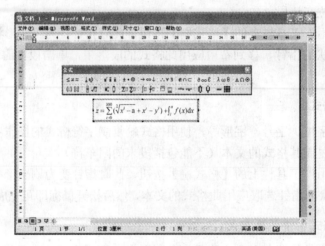

图 3-41 公式编辑器

3.4.9 设置背景与水印效果

水印和背景在效果方面有某些相似之处，它们都可用于在文档背景中增加直观的装饰效果，而不会影响文字的显示，但是它们的形式和功能却不相同。

执行【格式】→【背景】菜单命令，执行下列操作之一：

（1）在颜色板内直接单击选择所需颜色。

（2）如果颜色板上的颜色不合要求，可单击【其他颜色】按钮选取其他颜色。

（3）单击【填充效果】按钮可添加渐变、纹理、图案或图片。

提示：重新执行上述操作可更改背景色或填充效果，如果要删除设置，可执行【格式】→【背景】菜单命令，然后单击【无填充颜色】按钮。文档背景和填充效果不能在普通视图和大纲视图中显示，若要显示，需切换到其他视图。默认情况下，不能预览和打印用背景创建的文档背景，如果要预览或打印背景效果，可执行【工具】→【选项】菜单命令，在【打印】选项卡选中【背景色和图像】复选框。

（4）单击【水印】按钮打开【水印】对话框，可为文档添加图片水印或文字水印。

实战任务

（1）按如图 3-42 所示，输入文字。要求将标题居中，设置标题字体为黑体、加粗倾斜、三号、深红，动态效果为礼花绽放；为文档中诗的每行增加如图所示的项目符号，颜色为红色；将行距设置成 1.5 倍行距；为段落加上粉红色边框和黄色底纹。

望庐山瀑布
- 日照香炉升紫烟
- 遥看瀑布挂前川
- 飞流直下三千尺
- 疑是银河落九天

图 3-42　输入文字

（2）完成上述任务后，分别在各种视图方式下查看编辑的效果，以加深对各种视图特点的理解。

实 训 操 作

实训 3-1　"学院通知"排版

打开考生文件夹下的【wordg1_4.doc】文件：

（1）为"走出校园…"到"做好宣传鼓动工作"3 个自然段添加如考生文件夹下的样文【wordg1_4 样文.jpg】所示的项目符号和编号；

（2）在页眉处输入"学院通知"，并设为右对齐；

（3）统计全文字数，并将结果填写到文中最后一行对应的位置。

完成以上操作后，以【wordg1_4c.doc】为文件名保存到考生文件夹下。

实训 3-2　"'学雷锋'活动动员会"排版

打开考生文件夹下的【wordg1_2.doc】文件：

（1）将全文行距设为 20 磅，字符间距设为加宽 2 磅；

（2）将文中所有的【系】替换为【学院】；

（3）将"一、'学雷锋'活动动员会："设为黑体四号字，并用相同的格式设置"二、活动内容："、"三、具体要求："和"四、评选表彰："。

（4）将最后一个自然段设置为居中对齐，灰色→15% 的底纹。

（5）设置纸张大小为 16 开、页边距上下各 2cm。

完成以上操作后，以原文件名保存到考生文件夹下。

实训 3–3 "学雷锋活动的宣传工作"排版

打开考生文件夹下的【wordg1_2.doc】文件:

(1) 在标题前插入特殊符号※;

(2) 为标题及最后两行添加灰→10%的底纹;

(3) 在页面底端插入页码,并居中对齐,首页显示页码;

(4) 将文中"1、学生会…"到"4、宣传部负责学雷锋活动的宣传工作。"的 4 点具体要求分成两栏,加分隔线。

完成以上操作后,以原文件名保存到考生文件夹下。

3.5 在 Word 中使用图形与图片

通过对本节的学习,能完成 Word 图文混合排列的制作任务,如图 3-43 所示。

图 3-43 Word 图文混排

问题一:学会使用绘图工具。

问题二:学会插入和编辑图片。

问题三:学会使用文本框。

问题四:学会使用艺术字。

问题五:学会图文混排操作。

3.5.1　绘图工具的使用

1．绘制图形

绘制图形的具体操作步骤如下：

（1）在 Word 2003 中执行【视图】→【工具栏】菜单命令打开【绘图】项，"绘图"工具栏如图 3-44 所示，此时即可使用该工具栏所提供的命令进行图形绘制。

图 3-44　"绘图"工具栏

（2）单击"绘图"工具栏上【自选图形】右端的下三角按钮，打开下拉列表，其中列出的图表类型有线条、连接符、基本形状、箭头总汇、流程图、星与旗帜、标注等，如图 3-45 所示。用鼠标指针指向其中的某个类型，会出现相应的下拉列表。

（3）单击一种图形，在文档中就会出现一个画布（按"Esc"键可取消画布），拖动鼠标，在画布中绘制图形，一张画布上可绘制多个图形，如图 3-46 所示，调整画布的大小及位置，将图形放置到所需的位置。

图 3-45　【自选图形】按钮

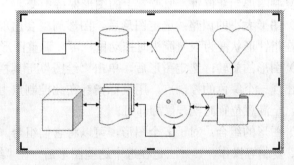

图 3-46　画布中绘制的图形

2．在图形中添加文字

在文档中绘制了自选图形后，有时为了增加特殊效果，需要在图形中添加文字，其方法如下：

（1）右击要添加文字的图形。

（2）在弹出的快捷菜单中选择【添加文字】选项，即可在图中输入文字。

在 Word 2003 中，绘制标注类自选图形时可直接添加文字，而不需要执行上述操作，如图 3-47 所示的云朵样式。

图 3-47　云朵样式

3. 编辑图形

编辑图形的具体操作步骤如下：

（1）选定图形：将鼠标指针指向要选定的图形，指针变为"十"字箭头时单击鼠标左键，此时图形的周围出现控制点（直线和箭头在两端各 1 个控制点，其余图形周围有 8 个控制点），表明该图形已被选定；要选中多个图形，则在按下"Shift"键的同时单击每个图形。选定图形的效果如图 3-48 所示。

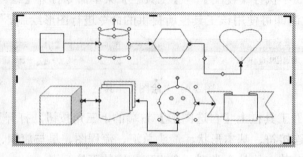

图 3-48　选定图形的效果

（2）移动和复制图形：首先选定图形，然后将鼠标指针指向图形内部或直线上，指针变为"十"字箭头，此时拖动鼠标可以移动图形到新位置；若在拖动鼠标的同时按住"Ctrl"键，则可以复制图形到新位置，原位置上的图形保持不变。

（3）图形大小的调整：选定图形后，图形周围会出现控制点，此时将鼠标指针指向各控制点，在指针形状变为双向箭头时拖动鼠标可以调整图形的大小。

（4）图形的旋转：选定图形后，单击"绘图"工具栏上的【自由旋转】按钮，则该图形四角会出现一个绿色的控制点，用鼠标指针在此控制点上按住并拖动，所选图形即可绕其中心旋转，至满意位置时松开鼠标即可。

（5）图形的组合：对于多个图形，可以将它们组合，使之成为一个单独的图形，以便进行移动、复制等操作。其方法是在选中这些图形后，在"绘图"工具栏上执行【绘图】→【组合】菜单命令，则所有选中的图形将成为一个整体，以后所有的编辑操作都是针对新组合成的图形，而无法单独对其中的图形元素进行操作。如果需要对其中的某个图形元素进行编辑，可以执行【绘图】→【取消组合】菜单命令，然后对每个图形元素进行编辑。

（6）为自选图形添加文字：方法是右击该图形，在弹出的快捷菜单中选择【添加文字】选项，然后输入要添加的文字，此时所输入的文字就会成为该图形的一部分。但是，文字只会随图形一起移动，而不会随图形一起旋转。

实战任务

利用"绘图"工具栏绘图，如图 3-49 所示。

3.5.2　插入和编辑图片

1．插入图片

（1）插入剪贴画。从 Word 的剪辑库中插入剪贴画的具体操作步骤如下：

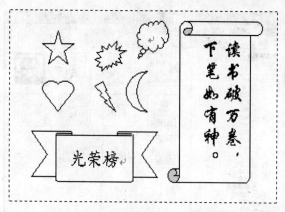

图 3-49　利用"绘图"工具栏绘图

①　将光标放到要插入图片的位置，执行【插入】→【图片】→【剪贴画】菜单命令，或单击"绘图"工具栏上的【插入剪贴画】按钮，会打开【剪贴画】任务窗格，如图 3-50 所示。

②　在【剪贴画】任务窗格中的【搜索范围】选项中选择【所有收藏集】选项，在【结果类型】选项中选择【剪贴画】，单击【搜索】按钮，搜索结果如图 3-51 所示。如果单击【管理剪辑】超链接，会弹出如图 3-52 所示的窗口。

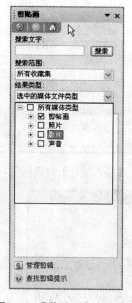

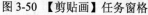

图 3-50　【剪贴画】任务窗格　　　　　图 3-51　搜索结果

③　选择要插入的剪贴画，单击其右侧的下拉按钮，会弹出一个快捷菜单，如图 3-53 所示。

④　选择其中的【插入】选项，或双击该剪贴画，即可在光标处插入该剪贴画。

（2）插入图片。插入图片的具体操作步骤如下：

①　将光标放到要插入图片的位置。

②　执行【插入】→【图片】→【来自文件】菜单命令，打开【插入图片】对话框，如图 3-54 所示。图片文件在【列表框】中的显示效果可由【视图】按钮 ▦ 右侧的下拉列表进行设置，当选择【预览】选项时，【列表框】中图片文件的显示效果如图 3-55 所示。

图 3-52 【剪辑管理器】窗口

图 3-53 快捷菜单

图 3-54 【插入图片】对话框

图 3-55 【预览】方式显示图片效果

③ 在【查找范围】框中选择图片所在的位置，选定图片文件，然后单击【插入】按钮，即可在光标位置插入图片。

2．编辑图片

（1）选定图片。单击图片，这时该图片的边框会出现 8 个控制点，表明该图片已被选定，同时弹出"图片"工具栏，如图 3-56 所示。

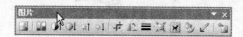

图 3-56　"图片"工具栏

（2）移动图片。单击图片，使用"常用"工具栏中的【剪切】按钮将图片剪切，然后将光标置于移动图片的新位置，单击"常用"工具栏中的【粘贴】按钮即可。

（3）复制图片。类似于图片的移动，单击选择图片后，使用"常用"工具栏中的【复制】按钮将图片复制到剪贴板上，在要复制图片的位置，单击"常用"工具栏中的【粘贴】按钮即可。

（4）删除图片。单击要删除的图片，然后按"Delete"键或"Backspace"键即可。

（5）编辑图片。可以使用"图片"工具栏来进行图像控制、图片对比度、图片亮度、图片大小、文字环绕方式的调整，还可对图片进行裁剪。

如要对图片进行精确的编辑，需打开【设置图片格式】对话框，如图 3-57 所示。

图 3-57　【设置图片格式】对话框

3.5.3　插入文本框

所谓文本框就是用来输入文字的一个矩形方框。插入文本框的好处在于文本框可以放在任意位置，还可以随时移动。在 Word 中，可以插入横排文本框（即文本横向显示），也可以插入竖排文本框（即文本竖向显示）。

1．插入文本框

插入文本框的具体操作步骤如下：

（1）单击"绘图"工具栏上的■（横排文本）、■（竖排文本）按钮，也可以执行【插入】→【文本框】→【横排】、【竖排】菜单命令。在文档中就会出现一个画布（按"Esc"键可取消画布），拖动鼠标，在画布中就可出现一个空文本框，一张画布上可插入多个文本框。

（2）在文本框的光标处输入文字或插入图形即可。如图 3-58 所示是一篇文档中既有横排段落，又有竖排段落的效果。

图 3-58　文本框效果

2. 编辑文本框

（1）选定文本框：将鼠标指针移至文本框上，单击鼠标，文本框周围会出现 8 个控制点及一周虚线，这时文本框即被选中。

（2）改变文本框的大小：选定文本框后，将鼠标指针移至文本框周围的控制点上，当鼠标指针变为双箭头形状时拖动鼠标，即可对文本框的大小进行调整。

（3）移动文本框：将光标放在文本框四周的边框上，当指针变为 ✛ 时，按下鼠标左键拖动，即可完成移动文本框的操作。

（4）复制文本框：将光标放在文本框四周的边框上，当指针变为 ✛ 时，按下鼠标左键拖动的同时按下"Ctrl"键，即可完成复制文本框的操作。

（5）删除文本框：选定文本框后按"Delete"或"Backspace"键即可删除文本框。删除文本框后，文本框中的内容也会同时被删除。

（6）改变文本框边框的线条：插入文本框后其默认边框为黑色不透明细线框，如果需要改变边框线型，可以选定文本框，然后单击"绘图"工具栏上的【线型】按钮，从中选择相应的线型；还可以将光标放在文本框四周的边框上，当指针变为 ✛ 时，单击鼠标右键，在弹出的快捷菜单中选择【设置文本框格式】选项，弹出【设置文本框格式】对话框，如图 3-59 所示，选择【颜色与线条】选项卡，设置线条的颜色、线型虚实及粗细，如果不需要边框，可将线条颜色设为【无线条颜色】选项。

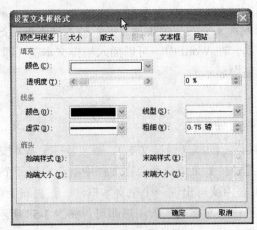

图 3-59　【设置文本框格式】对话框

（7）设置文本框的填充色：先选定文本框，然后单击"绘图"工具栏上的【填充颜色】按钮，选择文本框的填充色即可；也可利用【设置文本框格式】对话框的【颜色与线条】选项卡来设置。

3．应用文本框

文本框不能随着其内容的增加而自动扩展，但可以通过链接各文本框使文字从文档的一部分转至另一部分。建立链接各文本框的方法如下：

（1）在文档中建立要链接的多个文本框。

（2）选定第一个文本框，单击鼠标右键，在弹出的快捷菜单中选择【创建文本框链接】选项，此时鼠标指针变成 形状，将鼠标指针指向要链接的文本框中（该文本框必须为空）并单击，则两个文本框之间即可建立链接，多个文本框依此类推。

（3）在第一个文本框中输入所需的文字，如果该文本框已满，超出的文字将自动转入下一个文本框。

3.5.4　插入艺术字

1．插入艺术字

插入艺术字的具体操作步骤如下：

（1）执行【插入】→【图片】→【艺术字】菜单命令，或单击"绘图"工具栏中的【插入艺术字】按钮，弹出如图 3-60 所示的【艺术字库】对话框。

（2）在【艺术字库】对话框中，选择一种艺术字的样式，然后单击【确定】按钮，这时就会出现如图 3-61 所示的【编辑"艺术字"文字】对话框。

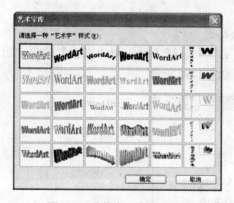
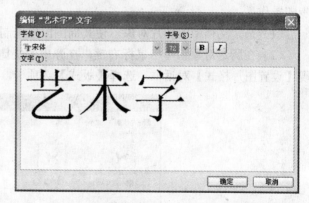

图 3-60　【艺术字库】对话框　　　　　图 3-61　【编辑"艺术字"文字】对话框

（3）在【文字】框内输入文字；在【字体】下拉列表中选择艺术字的字体；在【字号】下拉列表中选择艺术字的字号；还可根据需要单击【加粗】或【斜体】按钮。

（4）单击"确定"按钮，完成艺术字的插入。艺术字效果如图 3-62 所示。

2．编辑艺术字

单击插入文档中的艺术字后，会出现"艺术字"工具栏，如图 3-63 所示。利用"艺术字"工具栏可以对艺术字进行格式、形状等设置。

图 3-62　艺术字效果　　　　　　　　　　图 3-63　"艺术字"工具栏

单击【编辑文字】按钮，会弹出【编辑"艺术字"文字】对话框，可以重新输入艺术字或者修改原有的艺术字。

如果要重新设置艺术字样式，单击【艺术字库】按钮，弹出对话框，可以重新选择新的艺术字样式。

如果要对艺术字进一步变形，可以单击【艺术字形状】按钮，弹出对话框，从中可以选择艺术字的形状。

还可以为艺术字添加阴影和三维效果，并且可以改变阴影的方向和颜色，具体操作方法可以在实践中练习。

3.5.5　图文混排

当一篇文档中既有文字，又有图形时，处理好图形和文字之间的关系就显得相当重要。这里把图形、图片、文本框和艺术字统称为对象。

1．对象和文字之间的关系

在 Word 中，对象和文字之间的关系是指文字在对象周围的排列方式，包括嵌入型、四周型、紧密型、浮于文字上方、衬于文字下方。要在文档中产生文字环绕的效果，可按照如下步骤操作：

（1）选定文档中的图片对象，使其周围出现控制点。

（2）在所选对象上单击鼠标右键，在弹出的快捷菜单中选择【设置图片格式】选项，出现【设置图片格式】对话框，选择【版式】选项卡，如图 3-64 所示。

图 3-64　【版式】选项卡

（3）在【环绕方式】选项组中选择相应的文字环绕方式。文字环绕后的效果如图 3-65

所示。

衬于文字下方 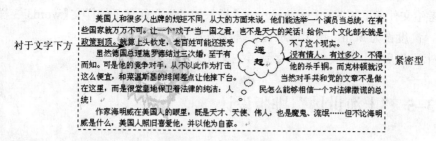 紧密型

图 3-65　文字环绕后的效果

提示：对于图形、文本框和艺术字周围文字环绕方式的设置与上述步骤类似。

2．对象和对象之间的关系

对象和对象之间的关系是指对象之间的叠放次序。调整对象之间叠放次序的具体步骤如下：

（1）选中要改变层次的对象。

（2）单击"绘图"工具栏中的【绘图】按钮，然后选择【叠放次序】选项，弹出如图 3-66 所示的子菜单，菜单中的图标表示了多个对象之间的叠放效果。

实战任务

（1）新建一篇文档，在文档中练习插入剪贴画、来自文件的图片、自选图形、艺术字等操作。

（2）利用自选图形和艺术字制作灯笼，效果如图 3-67 所示。

图 3-66　【叠放次序】子菜单

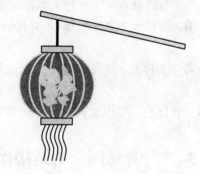

图 3-67　灯笼效果

实 训 操 作

实训 3-4　"毛主席故居"排版设计

打开考生文件夹下的【word3_3.doc】文件：

（1）设置纸张大小为 16 开、页边距左右各 2cm；

（2）全文宋体、四号字，首行缩进 2 字符；

（3）在文档最后插入一个3行4列的表格，并自动套用【精巧型1】格式；

（4）将考生文件夹下的图片【w_mzdgj.jpg】插入如考生文件夹下的样文【word3_3样文.jpg】所示的位置，高度设为5cm、锁定纵横比、环绕方式设为四周型。

完成以上操作后，以原文件名保存到考生文件夹下。

实训3-5 "上海世博"排版设计

在考生文件夹中新建名为【word3_6.doc】的 Word 文档，并参照考生文件夹下的样文【word3_6样文.jpg】完成如下操作：

（1）将考生文件夹下的【上海世博.jpg】图片以四周型版式插入文档中；

（2）在文档中插入【自选图形/星与旗帜】中第3行、第2列的旗帜图形；

（3）在旗帜图形中添加【2010中国上海】字样，要求文字格式为隶书、三号；

（4）对旗帜设置阴影样式6。

完成以上操作后，以原文件名保存到考生文件夹下。

实训3-6 "岳阳楼"排版设计

打开考生文件夹下的【word3_4.doc】文件，并参照考生文件夹下的样文【word3_4样文.jpg】完成如下操作：

（1）将全文左右各缩进2字符；

（2）在正文右边插入一个竖排文本框，输入"先天下之忧而忧"，在正文左边插入一个竖排文本框，输入"后天下之乐而乐"，并将两个文本框设为黑体、一号字、阴影样式6、无线条颜色；

（3）将考生文件夹下的图片【w_yyl.jpg】插入样文所示位置，设置图片环绕方式为紧密型、旋转30度。

完成以上操作后，以原文件名保存到考生文件夹下。

实训3-7 "奔马图"的链接操作

打开考生文件夹下的【word4_7.doc】文件：

（1）超级链接的插入，为文件中的图片插入超级链接，链接到考生文件夹下的图片【W_tup.wmf】，并设置超级链接的屏幕提示文字为"请看奔马图"；

（2）文件的插入，在文档结尾处插入分页符，然后插入考生文件夹下的文件【word4_7B.doc】；

（3）为插入文件第1段的"壁虎"二字加着重号。

完成以上操作后，以原文件名保存到考生文件夹下。

实训 3-8 制作图形

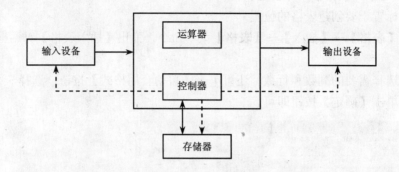

3.6 在 Word 中使用表格

通过对本节的学习，能完成课程表的制作任务，如图 3-68 所示。

节次 星期	星期一	星期二	星期三	星期四	星期五	星期六
1~2	数学	英语	制图	体育	政治	物理
3~4	物理	计算机基础	数学	英语	制图	计算机基础
3~6						
7~8						
晚自习						

图 3-68 课程表

问题一：学会创建 Word 表格。

问题二：学会对 Word 表格进行编辑操作（调整列宽和行高，插入、移动、复制、删除行或列，合并、拆分单元格）。

问题三：学会表格的格式化操作（内容的格式化、插入斜线表头、表格标题行重复、表格的自动套用格式、为表格添加边框和底纹）。

问题四：学会表格的计算。

问题五：学会表格的排序。

3.6.1 创建表格

在 Word 中创建表格的方法有自动制表和手工绘制表格两种。

1. 自动制表

可以用"常用"工具栏中的【插入表格】按钮▦自动创建表格，或者执行【表格】→【插入】→【表格】菜单命令来自动创建表格。

（1）使用【插入表格】按钮创建表格。

① 将光标置于要创建表格的位置，单击"常用"工具栏中的【插入表格】按钮，则屏幕上将会出现如图 3-69 所示的下拉窗口，其底部显示表格的行数和列数。

② 在此在窗口上拖动鼠标，待所需的行、列数出现时，释放鼠标，即可在光标处创建一张表格。

（2）使用【插入表格】命令创建表格。

① 将光标置于要创建表格的位置。

② 执行【表格】→【插入】→【表格】菜单命令，弹出【插入表格】对话框，如图 3-70 所示。

③ 从中选择需要的列数和行数，还可单击【自动套用格式】按钮，选择一种表格样式。

④ 最后单击【确定】按钮即可。

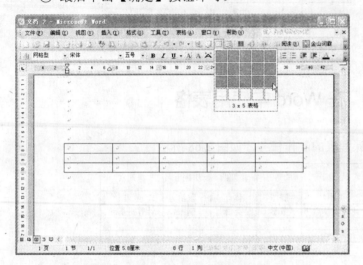

图 3-69　使用【插入表格】按钮创建表格　　　　　图 3-70　【插入表格】对话框

2．手工绘制表格

一般使用的表格都比较规则，所以使用 Word 本身提供的插入表格功能就可以满足大部分要求。但是当需要创建的表格很不规则时，用手工的方法绘制表格就会显得很重要。

使用手工的方法绘制表格，需要执行【视图】→【工具栏】→【表格和边框】菜单命令，或者执行【表格】→【绘制表格】菜单命令，或者单击"常用"工具栏中的【表格和边框】按钮，即出现"表格和边框"工具栏，如图 3-71 所示。

图 3-71　"表格和边框"工具栏

使用"表格和边框"工具栏手工绘制表格的具体操作步骤如下：

（1）单击【绘制表格】按钮，鼠标指针在文档中就会变成铅笔的形状。

（2）在【线型】下拉列表中选择合适的表格线型。

（3）在【粗细】下拉列表中选择表格线的粗细程度。

（4）在文档中需要制作表格的位置处，按下鼠标左键，向右下方拖动鼠标，即可出现一个矩形框，该矩形框是整张表格的外围框。

（5）在表格边框内绘制表格的各行各列。

（6）如果绘制了不合适的表格线，可以单击【擦除】按钮，此时光标会变成橡皮形状，将鼠标指针移动到要擦除的表格线上，按下鼠标左键拖动就可以擦除不需要的表格线。

3．输入表格内容

向表格中输入文本的操作和在普通文档中输入文本是一样的，先用方向键或鼠标把插入点移到需要输入文本的位置再进行输入。一个单元格输入完成后可以用方向键、鼠标或"Tab"键，将插入点移动到其他单元格。

【案例 3-6】　自动绘制表格"机电一体化 2007-1 班课表"。

自动绘制表格的操作步骤如下：

（1）将光标置于要创建表格的位置。

（2）执行【表格】→【插入】→【表格】菜单命令，弹出对话框。

（3）从中选择列数为 7、行数为 6，单击【自动套用格式】按钮，选择【典雅型】表格样式。

（4）根据要求输入文本，效果如表 3-2 所示。

表 3-2　机电一体化 2007-1 班课表

节次　　星期	星期一	星期二	星期三	星期四	星期五	星期六
1~2	数学	英语	制图	体育	政治	物理
3~4	物理	计算机基础	数学	英语	制图	计算机基础
3~6						
7~8						
晚自习						

【案例 3-7】　手工绘制表格"人事资料登记卡"。

手工绘制表格的操作步骤如下：

（1）执行【表格】→【绘制表格】菜单命令，弹出"表格和边框"工具栏，同时光标变为铅笔形状，按下左键拖动鼠标，绘制出表格的外边框。

（2）在外边框内根据要求绘制出表格的内框线，单击"表格和边框"工具栏中的【绘制表格】按钮，结束绘制表格命令。

（3）根据要求输入文本，效果如表 3-3 所示。

表 3-3　人事资料登记卡

姓名		性别		出生年月		民族	
学历		职称		外语水平			
毕业院校					专业		
通信地址				邮政编码			
联系电话				电子邮件			

4．文本转换成表格

有些文本具有明显的行列特征，如使用空格、逗号、制表符等分隔的文本，可以把这类文本自动转换为表格中的内容。

文本转换成表格的具体操作步骤如下：

（1）将需要转换为表格的文本通过插入分隔符来指明将文本分成行列的位置，如用插入制表符来划分列，用插入段落标记来标记行的结束。

（2）选定要转换为表格的文本。

（3）执行【表格】→【转换】→【将文本转换成表格】菜单命令，弹出【将文字转换成表格】对话框，如图 3-72 所示，输入行数与列数，还可选定一种表格样式。

（4）在对话框的【文字分隔位置】选项区选择分隔表格每列的分隔符。

（5）单击【确定】按钮即可将文字转换为表格。

图 3-72 【将文字转换成表格】对话框

5．表格转换成文本

可以将文字转换为表格，同样也可以把表格内容转换成带分隔符的文本。其操作方法如下：

（1）将光标定位于表格中任意一个单元格中。

（2）执行【表格】→【转换】→【表格转换成文本】菜单命令，弹出【表格转换成文本】对话框，如图 3-73 所示。

图 3-73 【表格转换成文本】对话框

（3）选择转换成文本后所需的文字分隔符，单击【确定】按钮即可。

注意：将文本中以空格形式分隔的文本转换成表格时，如果不能转换成理想的表格，可能是文本中的分隔符多样化所致，其中包含空格和制表符，建议将空格和制表符都替换成逗号，再将多个逗号都替换成一个逗号，最后再转换成表格。

【案例 3-8】 表格转换为文本。

要求：将"北京市 2002 年 6 月份金融机构存贷款指标快报"表格转换为文本，文字分隔符为制表符。

操作步骤如下：

（1）将光标置于表格中的任意一个单元格。

（2）执行【表格】→【转换】→【表格转换成文本】菜单命令，弹出对话框，选择文字分隔符为制表符。

（3）单击【确定】按钮。转换前后的效果如图 3-74 所示。

图 3-74　转换前后的效果

3.6.2　编辑表格

创建表格后，可以对表格进行编辑操作，如表格行与列的插入、移动、复制、删除，行高与列宽的调整，单元格的合并、拆分、插入、删除等。

1．单元格、行、列及表格的选定

要编辑表格的内容，首先要选定单元格、行、列或表格，常用方法有使用鼠标和使用菜单两种，分别如表 3-4 和表 3-5 所示。

表 3-4　使用鼠标选取表格内容

选 取 内 容	鼠 标 操 作
单元格	当光标为 I 时三击单元格，或光标变为 ➚ 时单击单元格左边界，或按住鼠标左键拖动
一行	将鼠标指针移到行的左边（表外）空白处，待鼠标变为 ↗ 时，单击鼠标即可选择鼠标所在的行；或按住鼠标左键拖动，选定行的所有单元格来选定一行
一列	将鼠标指针移到列的顶端线上，当鼠标指针变成 ↓ 后单击鼠标即可，也可按住鼠标左键拖动选定列中的所有单元格来选定列
任意选定	拖动鼠标指针经过要选定的单元格、行或列；或者先选定一个单元格、行或列，按住 "Shift" 键或者 "Ctrl" 键后，单击另一个单元格、行或列
整个表格	当鼠标指针移动到表格左上角时，表格的左上角会出现一个 "十" 字形方框，单击该方框即可选定整个表格

表 3-5　使用菜单选取表格内容

选 取 内 容	菜 单 操 作
单元格	移动插入点到要选定的单元格，执行【表格】→【选定】→【单元格】菜单命令
一行	移动插入点到要选定的行，执行【表格】→【选定】→【行】菜单命令

续表

选 取 内 容	菜 单 操 作
一列	移动插入点到要选定的列，执行【表格】→【选定】→【列】菜单命令
整个表格	移动插入点到表格内任意位置，执行【表格】→【选定】→【表格】菜单命令

2．表格的整体缩放与移动

表格的整体缩放：创建表格后，在表格内双击鼠标或选取单元格，这时表格会出现调整控制点，如图 3-75 所示。拖动右下角的调整控制点，表格内的单元格会自动等比例调整其大小，这样不会破坏原来的单元格设置。

表格的整体移动：拖动表格左上角的位置控制点，即可将表格拖动到任意位置。

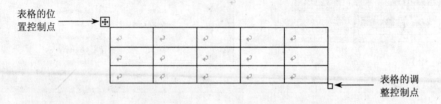

图 3-75　表格的调整控制点

3．调整列宽和行高

（1）拖动鼠标来调整列宽和行高。这种方法直观、方便、快捷，但这种调整是粗略的调整，其操作步骤如下：

① 将光标定位在要改变列宽的表格内。

② 调整列的宽度，当光标放在表格的任意竖线上时，光标变为 ◂‖▸ ，此时按下鼠标左键左、右拖动，可调整列的宽度；也可以将光标定位在要改变列宽的表格内，拖动水平标尺内的间隔滑块，调整列的宽度。

③ 调整行的高度，当光标放在表格的任意横线上时，光标变为 ÷，此时按下鼠标左键上、下拖动，可调整行的高度；也可以将光标定位在要改变行高的表格内，拖动垂直标尺内的间隔滑块，调整行的高度。

（2）使用菜单命令调整列宽和行高。这种方法可以精确指定每列的宽度或每行的高度，其操作步骤如下：

① 将光标置于表格单元格中，执行【表格】→【表格属性】菜单命令，弹出【表格属性】对话框，如图 3-76 所示。

② 选择【列】选项卡。

③ 单击【前一列】按钮或【后一列】按钮，选定需要更改宽度的列。

④ 调整【指定列宽】的值，直到满意为止。

⑤ 重复步骤③、④，调整所有需要改变宽度的列。

⑥ 单击【确定】按钮，完成列宽的调整。

用同样的方法，在【行】选项卡中选中【指定行高】复选框，并调整行高数值，即可改变表格指定行的行高。

图 3-76　【表格属性】对话框

4．插入、移动、复制、删除行或列

（1）插入行或列：如果要插入行或列，先选定某行或列，执行【表格】→【插入】菜单命令，再选择【行】或【列】项；或者用【绘制表格】工具在相应的位置绘制行或列；还可以选定某行或列，单击鼠标右键，在弹出的快捷菜单中选择【插入行】或【插入列】选项。

（2）移动行或列：先选定某行或列，单击鼠标右键，在弹出的快捷菜单中选择【剪切】选项，移动鼠标指针到目标位置，单击鼠标右键，在弹出的快捷菜单中选择【粘贴行】或【粘贴列】选项。

（3）复制行或列：先选定某行或列，单击鼠标右键，在弹出的快捷菜单中选择【复制】选项，移动鼠标指针到目标位置，单击鼠标右键，在弹出的快捷菜单中选择【粘贴行】或【粘贴列】选项。

（4）删除行或列：先选定某行或列，执行【表格】→【删除】菜单命令，再选择【行】或【列】项即可；或选定某行或列，单击鼠标右键，在弹出的快捷菜单中选择【删除行】或【删除列】选项。

5．合并、拆分单元格

合并单元格的具体操作步骤如下：

（1）选中需要合并的单元格。

（2）执行【表格】→【合并单元格】菜单命令，或单击"表格和边框"工具栏中的【合并单元格】按钮，即可将所选的几个单元格合并成一个单元格。

拆分单元格的具体操作步骤如下：

（1）将光标置于需要拆分的单元格中。

（2）执行【表格】→【拆分单元格】菜单命令，或单击"表格和边框"工具栏中的【拆分单元格】按钮，弹出如图 3-77 所示的【拆分单元格】对话框。

图 3-77　【拆分单元格】对话框

（3）在【列数】和【行数】文本框中分别输入需要拆分的列数和行数，单击【确定】按钮即可。

3.6.3 表格的格式化

1. 表格内容的格式化

单元格中的文字可以通过调整，采用不同的对齐方式。其具体操作步骤如下：

（1）选定单元格。

（2）单击"表格和边框"工具栏中的【对齐】按钮，如图 3-78 所示。

（3）在对齐方式选择框中，共有 9 种不同的对齐方式，单击需要的对齐方式即可。

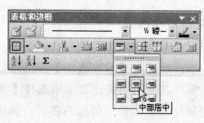

图 3-78 【对齐】按钮

> **提示**：也可以在选定的单元格中单击鼠标右键，在弹出的快捷菜单中选择【单元格对齐方式】选项，进行单元格内文字的对齐操作。

2. 套用表格格式

Word 中预置了很多美观漂亮的表格样式，套用这些现成的表格格式可以简化工作。其具体操作步骤如下：

（1）选定整个表格。

（2）执行【表格】→【表格自动套用格式】菜单命令，弹出【表格自动套用格式】对话框，如图 3-79 所示。

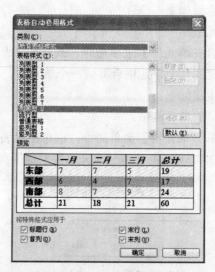

图 3-79 【表格自动套用格式】对话框

（3）在【表格样式】列表框中单击所需的格式，【预览】框中就会出现这种格式的预览效果。

（4）单击【确定】按钮，完成自动套用格式的设置。

3．绘制表格斜线表头

在实际工作中会遇到多个斜线表头的表格，Word 提供了绘制斜线表头的功能。其具体操作步骤如下：

（1）将光标定位到 A1 单元格，即表头位置。

（2）执行【表格】→【绘制斜线表头】菜单命令，弹出如图 3-80 所示的【插入斜线表头】对话框。

（3）在【表头样式】下拉列表框中选定 3 种斜线表头样式中的任意一种。

（4）在【行标题】、【列表题】文本框中输入相应的标题文字。

（5）在【字体大小】下拉列表中设置表头文字字体的大小。

（6）单击【确定】按钮，即可绘制具有斜线表头的表格。

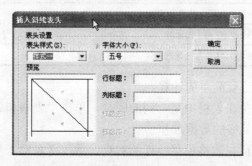

图 3-80　【插入斜线表头】对话框

4．重复表格标题

当制作的表格较长，需要跨页显示或打印时，原表格被分成几个各自封闭的表格，这时需要在后续页中重复表格的标题。其具体操作步骤如下：

（1）选定要作为表格标题的一行或多行文字（必须包括表格的第一行）。

（2）执行【表格】→【标题行重复】菜单命令，则在各页的表格上都被加上了相同的表格标题。

5．为表格添加边框和底纹

为表格添加边框和底纹的方法同为文字添加边框和底纹的方法类似，首先选定单元格或整个表格，然后执行【格式】→【边框和底纹】菜单命令，在弹出的对话框中选择相应的边框和底纹，在【应用于】下拉列表中选择【表格】或【单元格】，最后单击【确定】按钮即可。

实战任务

（1）依据学校的实际情况，创建自己班本学期的课程表，并对所建立的课程表进行美化。要求至少包含以下内容：插入艺术字、设置表格边框和底纹、设置字体格式、插入斜线表头等。

（2）假如自己现在要毕业了，用人单位要求你提供一份以表格形式建立的个人简历，请在 Word 中创建自己的个人简历并进行美化设置。

3.6.4 表格的计算

在 Word 中，用户可以通过常用的算术运算符或 Word 中自带的函数对表格中的数据进行简单的运算。若要进行复杂的数据运算，则应在 Excel 电子表格中计算。

表格的计算是以单元格进行的，每一个单元格都有其固定的名称，通常用列标行号来命名。表格的列标从左至右用大写英文字母表示，行号则从上到下依次用阿拉伯数字表示。表格中各区域的名称及含义如表 3-6 所示。表格计算可按工具栏或菜单方式进行计算。

表 3-6　表格中各区域的名称和含义

名　称	含　义
LEFT	光标所在位置左边的单元格
ABOVE	光标所在位置上方的单元格
B4	位于第 4 行第 2 列的单元格
A1，B3	指 A1 和 B3 两个单元格
A1:B4	从 A1 到 B4 矩形区域内所有的单元格

（1）使用工具栏按钮进行简单的计算。

列的求和：将光标定位在表格中某一列的底端，单击"表格和边框"工具栏中的【自动求和】按钮，则对该列单元格的数据求和。

行的求和：将光标定位在表格中某一行的右端，单击【自动求和】按钮，则对该行单元格的数据求和。

（2）使用菜单方式进行计算。

执行【表格】→【公式】菜单命令，弹出【公式】对话框，在其中进行计算。

3.6.5 表格的排序

1．使用工具栏按钮

选定需要排序的列，单击"表格和边框"工具栏中的【升序】或【降序】按钮。

2．使用菜单命令

选定需要排序的列，执行【表格】→【排序】菜单命令，弹出如图 3-81 所示的【排序】对话框。

- 在该对话框中，最多可以设置 3 个排序依据，若在【主要关键字】中遇到相同的数据，则根据指定的【次要关键字】进行第 2 次排序，若还有相同的数据，可以进行第 3 次排序。
- 每个排序依据都可分别选择【升序】或【降序】两种方式进行排序，默认值为升序。

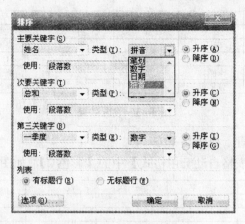

图 3-81　【排序】对话框

实 训 操 作

实训 3–9　制作"考试报名登记表"表格

在考生文件夹中新建名为【word2_1.doc】的 Word 文档，在文档中绘制如图 3-82 所示的表格（含标题），单元格对齐方式为中部居中对齐。

表一　全国计算机应用能力考试报名登记表

姓名	张英俊		性别	男	
身份证号	430305198207160512				相片
学历	大专		职务	主任	
电话	15973144368				
名称	南华信息研究中心				
序号	科目代码	科目名称		考试日期	考试场次
1	101	中文 Windows Xp 操作系统		2009-4-2	3

图 3-82　样表

完成以上操作后，以原文件名保存到考生文件夹下。

实训 3–10　表格的边框与底纹

打开【A：BG2-1.doc】文件，进行如下操作：

（1）表格边框用方框、直线、2.25 磅进行设置，第一行的底纹用 15%阴影密度、文字用四号黑体，设置效果如图 3-83 所示。

学　号	姓　名	班　级	性　别	学　科
990105	张　三	1	男	大学英语
990240	李　四	2	男	高等数学
990525	王　码	5	男	C 语言
990429	李鹏定	4	男	离散数学
990345	张清静	3	女	操作系统

图 3-83　设置效果

（2）复制一个表格，置于原表格下方。

（3）将新表格应用【表格自动套用格式】中的【彩色 2_】，如图 3-84 所示。

学　号	姓　名	班　级	性　别	学　科
990105	张　三	1	男	大学英语
990240	李　四	2	男	高等数学
990525	王　码	5	男	C 语言
990429	李鹏定	4	男	离散数学
990345	张清静	3	女	操作系统

图 3-84　自动套用格式

实训 3-11　销售表的计算

打开考生文件夹（D:\EXAM\oooo555545）下的【word2_3.doc】文件，如图 3-85 所示：

（1）对表中部门按升序排序，类型为拼音；

（2）在合计列对应的单元格中用公式计算各店年度销售总额；

（3）设置表格首行高度为固定值 2cm。

完成以上操作后，以原文件名保存到考生文件夹下。

销售统计表（单位：千元）

序号	部门	店长	第一季度	第二季度	第三季度	第四季度	合计
5	朝阳 1 店	李断承	452.333	432.456	476.969	498.643	
4	朝阳 2 店	王忠义	436.223	422.982	496.985	463.968	
9	朝阳 3 店	常江	656.219	591.887	549.984	661.673	
12	朝阳 4 店	杨向阳	457.413	441.967	344.189	409.673	
10	韶山 1 店	成城	756.216	671.787	645.983	672.879	
3	韶山 2 店	谭四军	356.683	343.458	375.089	409.874	
2	韶山 3 店	张大为	557.983	636.984	555.988	562.823	
11	远大 1 店	刘得志	556.253	523.988	446.929	499.883	
7	远大 2 店	钱旺财	451.463	437.447	444.689	499.423	
6	远大 3 店	赵发根	469.265	453.237	489.789	464.861	
8	中山 1 店	黄河	856.283	737.997	746.959	762.855	
1	中山 2 店	陈小同	456.213	431.967	346.986	462.973	

图 3-85　销售统计表

实训 3-12　编辑"学生基本情况排序表"

编辑步骤如下：

（1）在"李四"所在行的下方插入一行，并输入"990107　刘红　女　哲学"，删除"班级"所在的列，删除"学号"为 990240 所在的行；

（2）按"性别"进行排序，得到如图 3-86 所示的学生基本情况排序表；

（3）将此表格保存到 A 盘，命名为"BG2-2.doc"。

学　号	姓　名	性　别	学　科
990105	张　三	男	大学英语
990525	王　码	男	C 语言
990429	李鹏定	男	离散数学
990107	刘　红	女	哲　学
990345	张清静	女	操作系统

图 3-86　学生基本情况排序表

实训 3–13　文字转换成表格

将下列文字转换为表格：

学号	姓名	班级	性别	学科
990105	张三	1	男	英语
990240	李四	2	男	高数
990525	张建军	5	男	计算机
990339	王国民	3	男	操作系统
990435	张美玉	4	女	C++语言

操作要求：

（1）输入以上文本内容，将其保存到 A 盘，命名为"bg1.doc"。

（2）将文本转换为表格，设置第一、二列宽度为 2.8cm，第三、四列宽度为 2.2cm，最后一列宽度为 3.5cm。

（3）将表格中第三、四列的文字居中显示。

（4）将此文件另存到 A 盘，命名为"bg2.doc"。

3.7　长文档的编辑

通过对本节的学习，能完成长文档的编辑任务。

问题一：学会 Word 页面设置。

问题二：学会设置页眉和页脚。

问题三：学会样式与模板的制作。

问题四：学会邮件合并操作。

问题五：学会 Word 打印操作。

3.7.1　页面设置

1. 纸张的选择

Word 在创建新文档时，默认的纸张大小是 A4。进行纸张选择的操作步骤如下：

（1）执行【文件】→【页面设置】菜单命令，或者双击标尺弹出如图 3-87 所示的【页面设置】对话框，选择【纸张】选项卡。

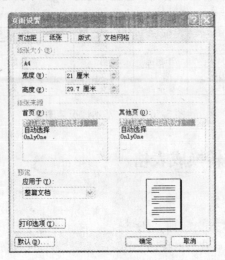

图 3-87 【纸张】选项卡

（2）在【纸张大小】下拉列表中选择设定纸张的大小。如果没有所需的纸张大小，则可以在下拉列表中选择【自定义大小】，在【宽度】和【高度】框中直接输入纸张的宽度和高度。

（3）选择文档输出的方向是纵向还是横向。纵向是指文档的每行文字从左到右为纸张的打印方向，即纵向控制；横向则是指文档的每行文字从上到下为纸张的打印方向，即横向控制。

（4）单击【确定】按钮，完成设置。

2．页边距的设置

页边距是指正文与纸张边缘之间的区域，文档正文一般不能输入该区域。设置页边距的方法如下：

（1）执行【文件】→【页面设置】菜单命令，弹出【页面设置】对话框。

（2）选择【页边距】选项卡，如图 3-88 所示。

图 3-88 【页边距】选项卡

（3）在上、下、左、右数值框中输入相应的页边距值。

（4）选择文档的装订线位置。

（5）单击【确定】按钮，完成设置。

提示：当需要在纸张的两面都打印文档正文时，可以设置为对称页边距，即左侧页面的页边距是右侧页面页边距的镜像，这样内侧页边距和外侧页边距等宽，便于文档装订。

3. 页面的其他设置

在【页面设置】对话框内还有【版式】和【文档网格】选项卡，下面对它们的功能做一些简单的介绍。

【版式】选项卡如图 3-89 所示，可以为页眉和页脚指定特殊的格式（如奇偶数页的页眉和页脚不同，首页的页眉、页脚和其他页不同），还可以设置文档在页面上垂直方向的对齐方式、为文档添加行号、为整个页面添加边框等。

【文档网络】选项卡如图 3-90 所示，可以设置文字的排列方向、绘制网络、设置字体等。

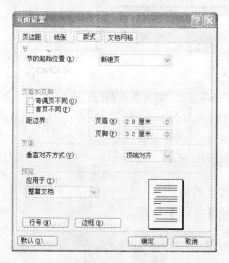

图 3-89 【版式】选项卡

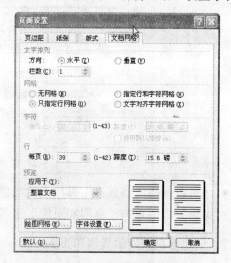

图 3-90 【文档网格】选项卡

3.7.2 设置页眉和页脚

页眉和页脚通常用于显示文档的附加信息，如公司名称、书名、章节名、页码、日期等文字或图形，页眉在文档每一页的顶部，页脚在文档每一页的底部。Word 可以为文档的所有页建立相同的页眉和页脚，也可以在文档的不同部分使用不同的页眉和页脚。

1. 创建每页都相同的页眉和页脚

- 执行【视图】→【页眉和页脚】菜单命令，打开页面上的页眉和页脚区域，如图 3-91 所示。
- 若要创建页眉，则在页眉区域中输入文本和图形。
- 若要创建页脚，则单击"页眉和页脚"工具栏上的【在页眉和页脚间切换】按钮以移动到页脚区域，然后输入文本或图形，如图 3-92 所示。

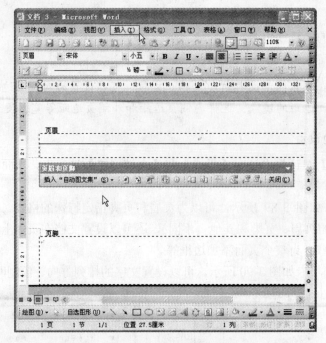

图 3-91　页眉和页脚区域

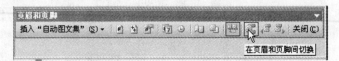

图 3-92　"页眉和页脚"工具栏

- 还可以使用"格式"工具栏上的按钮设置文本的格式。
- 编辑完成后单击"页眉和页脚"工具栏上的【关闭】按钮。

2．创建首页不同的页眉和页脚

可以不在首页上设置页眉和页脚，或为文档中的首页创建独特的首页和页脚。

- 如果文档已被分节，则单击要修改的节或选定多个要修改的节；如果文档没有被分成节，则可以单击任意位置。
- 执行【视图】→【页眉和页脚】菜单命令。
- 在"页眉和页脚"工具栏上单击【页面设置】按钮，打开如图 3-93 所示的对话框。
- 选择【版式】选项卡。
- 选中【首页不同】复选框，然后单击【确定】按钮。
- 可以单击"页眉和页脚"工具栏上的【显示前一项】按钮或【显示下一项】按钮，以移动到"首页页眉"或"首页页脚"区域。
- 创建文档首页或其中一节首页的页眉和页脚时，如果不想在首页使用页眉和页脚，可将页眉和页脚区保留为空白。
- 要移至文档或一节中其余部分的页眉和页脚时，则单击"页眉和页脚"工具栏上的【显示下一项】按钮，然后创建所需的页眉和页脚。

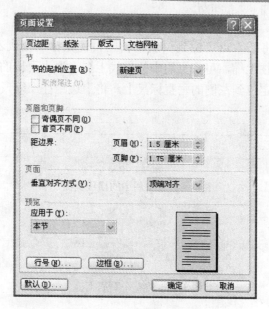

图 3-93　【页面设置】对话框

3．创建奇偶页不同的页眉或页脚

- 执行【视图】→【页眉和页脚】菜单命令。
- 在"页眉和页脚"工具栏上单击【页面设置】按钮。
- 选择【版式】选项卡。
- 选中【奇偶页不同】复选框，然后单击【确定】按钮。
- 可以单击"页眉和页脚"工具栏上的【显示前一项】按钮或【显示下一项】按钮，以移动到奇数页或偶数页的页眉和页脚区域。
- 在"奇数页页眉"区域为奇数页创建页眉和页脚，在"偶数页页眉"区域为偶数页创建页眉和页脚。

4．创建部分文档不同的页眉和页脚

一篇文档必须分成不同的节才能为文档各部分创建不同的页眉和页脚。

- 如果尚未对文档进行分节，则在要使用不同的页眉和页脚的新节起始处插入一个分节符。
- 单击要创建不同页眉和页脚的节。
- 执行【视图】→【页眉和页脚】菜单命令，插入页眉和页脚。
- 将光标定位到最后一节，修改最后一节的页眉和页脚，在"页眉和页脚"工具栏上单击【链接到前一个】按钮，以断开当前节和上一节的页眉和页脚的链接。Word 在页眉和页脚的右上角不再显示"同前"。
- 将光标定位到倒数第 2 节，修改为本节的页眉和页脚，重复以上操作直至第一节。

5．删除页眉中的横线及将整个页眉上提

删除页眉中的横线：将插入点定位到页眉编辑区，执行【格式】→【边框和底纹】菜单命令，打开【边框和底纹】对话框，选择【边框】选项卡，设置边框样式为无，在【应用于】

下拉列表中选择【段落】。

将整个页眉上提：将插入点定位到页眉编辑区，使光标定位到左侧的垂直标尺上，如图 3-94 所示，将上边距往上缩，可将页眉中的横线上提。退出页眉的编辑状态，进入正文，如图 3-95 所示，使光标定位到左侧的垂直标尺上，将上边距往上缩，可将整个页眉上提。

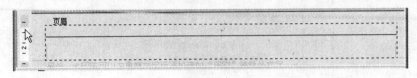

图 3-94　将页眉中的横线上提

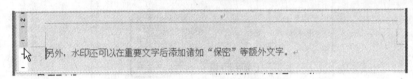

图 3-95　将整个页眉上提

提示：页眉和页脚只能在页面视图和打印预览视图中看到。

3.7.3　样式与模板的制作

样式是一组字符和段落格式的组合，它包含了对文档中正文、各级标题、页眉和页脚等格式的设置。当文档的多个段落应用了同一个样式，这几个段落将保持相同的格式设置，该样式被修改后，文档中所有使用了该样式的段落的格式将统一被修改。

此外，使用样式将自动生成文档的大纲和结构图，还可以生成目录。

1. 修改并应用正文样式

设置正文样式为宋体，小四，1.5 倍行距，首行缩进 2 字符，其操作步骤如下：

（1）执行【格式】→【样式和格式】菜单命令，打开【样式和格式】任务窗格，如图 3-96 所示。

（2）在【请选择要应用的格式】列表中选择【文本块】，单击其右边的下拉按钮，在其下拉菜单中选择【修改】选项，打开【修改样式】对话框，如图 3-97 所示。

（3）在【字号】下拉列表中选择【小四】，单击【1.5 倍行距】按钮，单击【格式】按钮，在弹出的下拉菜单中选择【段落】选项，打开【段落】对话框。

（4）在【特殊格式】下拉列表中选择【首行缩进】，在【度量值】数据框中选择【2 字符】。设置正文样式后，文档中所有正文的样式均发生相应变化。

2. 定义标题样式

设置第一级标题样式为黑体，三号，不加粗，单倍行距，段前和段后的段间距为 1 行，无首行缩进；设置第二级和第三级标题样式为黑体，小四号，不加粗，单倍行距，段前和段后的段间距为 0.5 行，其操作步骤如下：

（1）在【样式和格式】任务窗格中，在【请选择要应用的格式】列表中选择【标题 1】，单击其右边的下拉按钮，在其下拉菜单中选择【修改】选项，打开【修改样式】对话框。

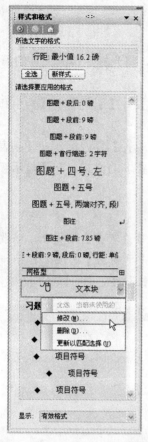

图 3-96　【样式和格式】任务窗格

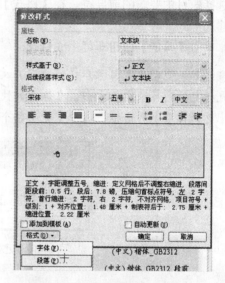

图 3-97　【修改样式】对话框

（2）在【修改样式】对话框中，在【字体】下拉列表中选择【黑体】，在【字号】下拉列表中选择【三号】，取消加粗，单击【单倍行距】按钮。单击【格式】按钮，在其下拉菜单中选择【段落】选项，打开【段落】对话框。

（3）在【段落】对话框中，在【特殊格式】下拉列表中选择【无】，取消首行缩进，在【段前】而【段后】数据框中选择【1 行】。

（4）在【样式和格式】任务窗格中，在【请选择要应用的格式】列表中选择【标题 2】，单击其右边的下拉按钮，在其下拉菜单中选择【修改】选项，打开【修改样式】对话框。

（5）在【修改样式】对话框中，在【字体】下拉列表中选择【黑体】，在【字号】下拉列表中选择【小四】，取消加粗，单击【单倍行距】按钮。单击【格式】按钮，在其下拉菜单中选择【段落】选项，打开【段落】对话框。

（6）在【段落】对话框中，在【段前】和【段后】数据框中选择【0.5 行】。

（7）在【样式和格式】任务窗格中，在【请选择要应用的格式】列表中选择【标题 3】，按步骤（5）和步骤（6）的描述，修改其样式。

3．生成目录

用 Word 编写书稿时，通常在编完后要在前面加上一个目录。目录通常是一本书中不可缺少的部分，通过目录能查看到该书中的内容目录，能链接到读者需要阅读的部分。

自动生成目录的步骤如下：

（1）首先编辑好正文，然后定义好标题样式。

（2）在文章的最前面插入分隔符，分节符类型为下一页，将光标定位到文件的第 2 页，插入页码，起始页码为 1。

（3）在第 1 页插入"目录"二字，并居中。执行【插入】→【引用】→【索引和目录】菜单命令，打开【索引和目录】对话框。

（4）选择【目录】选项卡，选中【显示页码】、【页码右对齐】复选框，在【制表符前导符】中选择题目中要求的前导符，在【格式】中选择题目中要求的格式，在【显示级别】数值框中输入"3"。

（5）单击【确定】按钮即可生成目录。

注意：如果自动生成目录后又修改了正文内容，此时的目录不会自动更新。若要更新目录，将光标定位到目录中，右击，在弹出的快捷菜单中选择【更新域】选项，打开如图 3-98 所示的【更新目录】对话框，选中【更新整个目录】单选按钮即可。

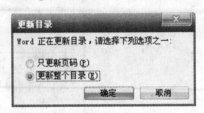

图 3-98 【更新目录】对话框

3.7.4 邮件合并

邮件合并就是在主文档的固定内容中，合并与发送信息相关的一组数据源，从而批量生成需要的邮件文档。邮件合并进程涉及 3 个文档，即主文档、数据源和合并文档。

1．主文档、数据源

主文档是在 Word 的邮件合并操作中，包含文本和图形对合并文档的每个版本都相同的文档，如套用信函中的寄信人地址和称呼。

数据源是包含要合并到文档中信息的文件，包括 Word 表格或电子表格文件，如要在邮件合并中使用的名称和地址列表。只有连接到数据源才能使用数据源中的信息。

2．批量制作新生录取通知书

使用邮件合并功能可以处理信函、信封等与邮件相关的文档，同时还可以轻松地批量制作标签、考试卡、工资条、成绩单等。

使用邮件合并功能制作一个统一格式，不同数据的录取通知书。

（1）创建通知文档。编写一份录取通知书模板，内容按如图 3-99 所示进行输入，并按照要打印出来的效果调整好这个当做通知书模板的 Word 文档，命名为"主文档"，数据源如表 3-7 所示。

新生录取通知书

同学：

你已被我院 系 专业正式录取，报名时请带上你的准考证和学费 元，务必在 8 月 25 日前到校报道！

湖南理工职业技术学院 招生办 2008-8-15

图 3-99　主文档

表 3-7　数据源

姓　　名	系　　别	专　　业	学　　费
程琳	信息技术系	计算机应用	4 500
戴媛媛	经济贸易系	电子商务	4 200
邓宽	财会与管理系	财会	4 000
董良杰	人文旅游系	文秘	4 000

（2）应用邮件合并功能。

① 执行【工具】→【信函与邮件】→【邮件合并】菜单命令。

② 弹出【邮件合并】任务窗格，如图 3-100 所示，在【选择文档类型】中选中【信函】单选按钮，单击【下一步】按钮。

③ 第三步中单击【下一步】按钮，弹出【选取数据源】对话框，在该对话框中选择待合并的数据源。打开如图 3-101 所示的【邮件合并收件人】对话框，从中单击【全选】按钮，再单击【确定】按钮。

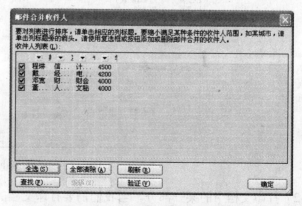

图 3-100　【邮件合并】任务窗格　　　　　图 3-101　【邮件合并收件人】对话框

④ 第四步中单击【其他项目】，打开如图 3-102 所示的对话框，将此框中的每项插入主

文档中。

⑤ 第五步中能看到第一个合并后的结果。

⑥ 第六步中单击【编辑个人信函】，弹出如图 3-103 所示的对话框，合并全部记录。

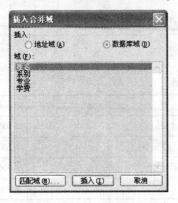

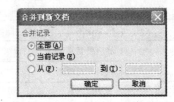

图 3-102 【插入合并域】对话框　　　　　　图 3-103 【合并到新文档】对话框

3.7.5　打印操作

1. 打印预览

对文档进行打印预览的方法是：执行【文件】→【打印预览】菜单命令，或者单击"常用"工具栏中的【打印预览】按钮，即可进入打印预览状态。

2. 打印文档

（1）打印整篇文档。如果要打印整篇文档，可以直接单击"常用"工具栏中的【打印】按钮；或执行【文件】→【打印】菜单命令，弹出如图 3-104 所示的【打印】对话框，在【页面范围】栏中选中【全部】单选按钮，然后单击【确定】按钮即可。

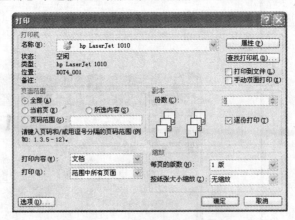

图 3-104 【打印】对话框

（2）打印文档中的某一部分。当我们需要打印文档的某几页时，可以在【打印】对话框的【页面范围】文本框内输入要打印的页码，如果是打印一页，直接输入该页的页码即可；如果打印的是连续的几页，需要在起始页码和结束页码之间加连字符"-"；如果打印的不是连续的页，则需要在两页码之间加逗号，如图 3-105 所示。

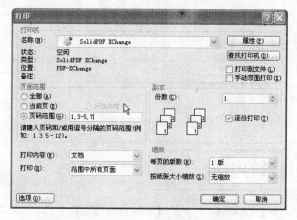

图 3-105　打印多页

实战任务

（1）将自己已经建立好的课程表打印出来。

（2）将自己的个人简历设置为 16 开纸张打印，要求上下页边距为 2cm，左边距为 2.5cm，右边距为 2cm。

实 训 操 作

实训 3–14　邮件合并制作"成绩通知单"

打开考生文件夹（D:\EXAM\54）下的【word4_4.doc】文件：

选择【信函】文档类型，使用当前文档作为主文档，以考生文件夹中的文件【Excel4_4C.xls】的【Sheet1】工作表为数据源，进行邮件合并，将合并后的结果以"成绩通知单.doc"为文件名保存到考生文件夹中，成绩通知单的内容如考生文件夹下的样文【word4_4 样文.jpg】所示。

实训 3–15　目录的制作

打开考生文件夹（D:\EXAM\54）下的【word4_1.doc】文件：

（1）插入分隔符和页码，在文章的最前面插入分隔符，分节符类型为下一页，将光标定位到文件的第 2 页，插入页码，起始页码为 1；

（2）样式的应用，将一级目录文字应用标题 1 样式，二级目录文字应用标题 2 样式，三级目录文字应用标题 3 样式；

（3）插入目录，在文档的首部插入如图 3-106 所示的目录，目录格式为正式、显示页码、页码右对齐，显示级别为 3 级，制表前导符为省略号（……）。

完成以上操作后，以原文件名保存到考生文件夹下。

目 录

图 3-106 目录样式

实训 3–16 目录的编辑

打开考生文件夹（D:\EXAM\54）下的【word4_1.doc】文件：

（1）设置正文样式为楷体，五号，首行缩进 2 字符。

（2）设置第一级标题样式为宋体，三号，加粗，居中，1.5 倍行距，无首行缩进，段前和段后间距为 15 磅。

（3）设置第二级标题样式为黑体，小四号，不加粗，单倍行距，段前和段后间距为 0.5 行。

（4）设置第三级标题样式为黑体，小四号，不加粗，倾斜，单倍行距，段前和段后间距为 0.5 行。

（5）在第一页插入文档的目录，要求目录中显示到第三级标题，显示页码。

（6）设置页眉和页脚为首页不同，在第二页的页眉中间输入自己的姓名，页脚的右边插入"第 X 页共 Y 页"。

综合案例 毕业生自荐书及求职信的制作

毕业生自荐书及求职信的封面如图 3-107 所示。

图 3-107 毕业生自荐书及求职信的封面

第 **4** 章

Excel 2003 电子表格

Excel 2003 是微软公司出品的 Office 2003 系列中的电子表格软件，它提供了强大的表格制作、数据管理、数据分析、创建图表等功能，广泛应用于金融、财务、统计、审计等领域，是一款功能强大、易于操作、深受广大用户喜爱的表格制作与数据处理软件。

4.1 Excel 2003 基础知识

通过对本节的学习，学会 Excel 2003 的启动、退出、组成。
问题一：学会启动和退出、保存工作簿。
问题二：了解 Excel 窗口的组成。
问题三：理解工作簿与工作表的关系。

4.1.1 Excel 2003 的启动与退出

1．启动

Excel 2003 的启动方法与其他应用程序的启动方法相似，常用的有以下两种方法：

（1）通过开始菜单，执行【开始】→【程序】→【Microsoft Office】→【Microsoft Office Excel 2003】菜单命令，即可启动 Excel 2003。

（2）通过桌面快捷方式，在桌面上创建 Excel 2003 的快捷方式，然后直接双击该图标即可。

2．退出

退出 Excel 2003 可采用以下 3 种方法中的一种：

（1）执行【文件】→【退出】菜单命令。

（2）按"Alt+F4"组合键。

（3）单击标题栏右上角的【关闭】按钮。

提示：如果对打开的 Excel 2003 文档做了任何形式的修改，则在退出时，系统会提示是否对文件进行保存，按照提示操作即可。

4.1.2 Excel 2003 窗口的组成

Excel 的窗口是一个标准的 Windows 应用程序窗口，包含标准 Windows 应用程序窗口的组成元素，如标题栏、菜单栏、工具栏、状态栏等，同时还包含 Excel 2003 特有的一些窗口界面元素，标准的 Excel 2003 窗口如图 4-1 所示。

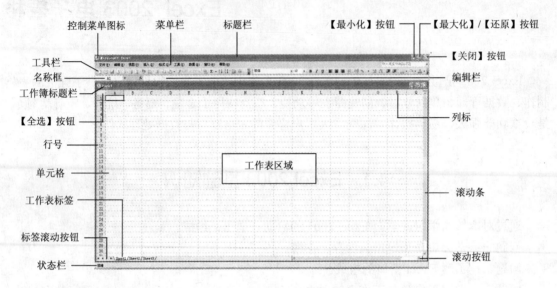

图 4-1 标准的 Excel 2003 窗口

1．应用程序窗口

（1）标题栏。显示文档名和应用程序名。

（2）菜单栏。Excel 2003 的菜单栏包括 9 个主菜单项，每个主菜单项中均包含了一组相关的操作命令，执行主菜单中的命令可以完成相应的功能。

（3）工具栏。在启动 Excel 2003 后，通常会显示两个工具栏，即"常用"工具栏和"格式"工具栏，分别如图 4-2 和图 4-3 所示。

图 4-2 "常用"工具栏

图 4-3 "格式"工具栏

将鼠标指针移动到工具栏按钮上停留片刻后，可以出现该按钮的功能说明文字。工具栏的显示或隐藏，可以通过执行【视图】→【工具栏】菜单命令，或者在工具栏上单击鼠标右键，在弹出的快捷菜单中实现。

（4）编辑栏。编辑栏用于输入、编辑数据或公式，单击【函数】按钮 f_x，编辑栏会变为函数输入栏，如图 4-4 所示。

图 4-4 函数输入栏

编辑栏由以下 3 部分组成：

① 名称框。用于显示当前活动单元格的名称，也可用来定义单元格的名称。

② 数据编辑区域。用于显示或编辑单元格中的数据和公式。

③ 编辑按钮。当用户将光标放置于数据编辑区域时会显示【取消】、【输入】和【编辑公式】3 个按钮。单击【取消】按钮可以取消用户在单元格中所做的操作；单击【输入】按钮可以确认用户对单元格的编辑操作；单击【编辑公式】按钮可以在当前单元格中编辑公式，此时左边的名称框列出的是可供用户选择的函数列表，可以方便地选择常用的函数，进行数据的运算。

（5）任务窗格。任务窗格是 2003 版本增加的功能，在此处可以快速完成任务的创建，包括打开工作簿、新建工作簿和根据模板新建列表等选项组。在列表选项组中，选择相应的选项可以快速完成对应的工作。

提示：如果不希望任务窗格停留在工作区中，可以取消对任务栏中【启动时显示】复选框的选择。

2．工作簿窗口

在 Excel 中，一个 Excel 文件就是一个工作簿，工作簿是由多个工作表组成的，工作表是由行、列组成的单元格构成的，单元格是组成工作簿最基本的元素。工作簿与工作表之间的关系类似于财务工作中的账簿和账页之间的关系。

（1）工作簿。工作簿是指用来存储并处理工作数据的文件，在一个工作簿中可以包含多个不同类型的工作表。Excel 在创建新的工作簿文件时，默认创建 3 张工作表，如图 4-5 所示。

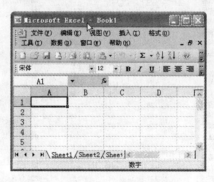

图 4-5 工作簿

（2）工作表。每个工作表在工作簿窗口中都有一个标签，标签上显示工作表的名称，如图 4-5 中 3 张工作表的名称分别是 Sheet1、Sheet2、Sheet3。这是工作表的默认名称，用户可以对其进行修改，也可以根据需要增加工作表的个数。

一个 Excel 工作表默认包含 65536 行、256 列，行号用阿拉伯数字表示，列标用大写英文字母表示。

（3）单元格。工作表中行与列相交处的小方格称为单元格。单元格有自己的名称，它是由列标与行号组成的，如 A2、B5、D8 等。单元格用于存放数据信息，数据都是存放在某个单元格中的。

工作表中当前正在使用的单元格称为活动单元格。活动单元格的标志是其四周有黑色的粗线边框，如图 4-6 所示。活动单元格的含义是指该单元格得到了输入焦点，用户输入的内容会出现在该单元格中。

如果要使某单元格成为活动单元格，只需用鼠标单击该单元格即可。Excel 中每个单元格最多可以容纳 255 个字符。

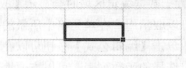

图 4-6　活动单元格

 实战任务

（1）启动 Excel 程序，认真观察 Excel 窗口的组成，比较它与 Word 窗口的不同之处。
（2）讨论工作簿、工作表、单元格之间的关系。

4.2　Excel 2003 的基本操作

通过对本节的学习，能完成学生成绩表的制作任务，如图 4-7 所示。

	A	B	C	D	E	F	G	H	I
1	学号	姓名	语文	数学	外语	体育	思想政治		
2	0422001	祝新建	133	127	128	95	95		
3	0422002	赵建民	133	136	131	88	69		
4	0422003	张志奎	120	127	123	95	57		
5	0422004	张莹翡	81	87	94	65	48		
6	0422005	张可心	126	125	134	84	79		
7	0422006	张金宝	127	128	125	91	83		
8	0422007	张大全	124	132	116	87	93		
9	0422008	张佳	135	116	131	84	94		
10	0422009	王惠	127	114	132	67	65		
11	0422010	李明慧	138	105	135	69	76		
12	0422011	万国惠	96	103	107	78	74		
13	0422012	张学民	107	83	86	73	85		
14	0422013	杨梅	114	87	126	62	83		
15	0422014	周莹	115	136	124	65	93		
16	0422015	钱屹立	126	116	116	59	94		
17	0422016	喜晶	123	124	111	73	65		
18	0422017	马大可	132	123	135	72	57		
19	0422018	黄东	137	104	133	89	72		
20	0422019	李兴	103	109	137	94	84		
21	0422020	郭亮	99	112	115	76	93		

图 4-7　学生成绩表

问题一：学会新建、打开、保存工作簿。
问题二：学会输入与编辑数据。

问题三：学会编辑工作表。

问题四：学会工作簿与工作表的管理。

问题五：学会编辑单元格。

4.2.1 新建、打开、保存工作簿

1．新建工作簿

在 Excel 2003 中，工作簿是用来存储数据的文件，其默认的文件扩展名为.xls。Excel 在启动后会自动创建一个名为"Book1"的空白工作簿，用户也可以通过以下两种方法来创建一个新的工作簿。

（1）单击"常用"工具栏中【新建】按钮，直接创建一个空白的工作簿。

（2）执行【文件】→【新建】菜单命令，弹出【新建工作簿】任务窗格，如图 4-8 所示，选择相应的选项，可以快速建立工作簿文件。

图 4-8　【新建工作簿】任务窗格

对于新建的工作簿文件，应注意以下 3 点：

（1）新建工作簿文件时，默认的工作簿文件名为 Book1、Book2 等。

（2）每个工作簿内可以新建数个工作表，其默认名称为 Sheet1、Sheet2 等。

（3）一个工作簿文件内建立初始工作表的数量可以更改。用户可以执行【工具】→【选项】菜单命令，弹出【选项】对话框，如图 4-9 所示，然后在【常规】选项中设置【新工作簿内的工作表数】的值，这样即可更改一个新工作簿包含的默认工作表的数量。

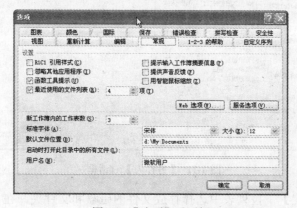

图 4-9　【选项】对话框

2．打开工作簿

如果用户已经创建了一个工作簿，则可以使用以下常用的方法打开：

（1）单击"常用"工具栏中的【打开】按钮。

（2）执行【文件】→【打开】菜单命令。

以上两种方法均会弹出【打开】对话框，如图 4-10 所示，用户可以在【查找范围】下拉列表中选择文件夹，然后双击要打开的文件名；或者选择文件后，单击【打开】按钮，即可打开一个工作簿文件。

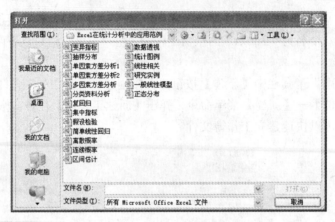

图 4-10 【打开】对话框

3．保存工作簿

当完成一个工作簿的建立、编辑后，就需要将工作簿文件保存起来，Excel 2003 提供了保存和另存为两种方法用于保存工作簿文件。其操作步骤如下：

（1）单击"常用"工具栏上的【保存】按钮，或执行【文件】→【保存】菜单命令，或按"Ctrl+S"组合键。此时，如果要保存的文件是第一次存盘，将弹出如图 4-11 所示的【另存为】对话框（如果该文件已经被保存过，则不弹出【另存为】对话框，同时也不执行后面的操作）。

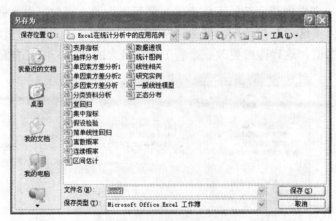

图 4-11 【另存为】对话框

（2）在【保存位置】下拉列表中选择存放文件的磁盘和文件夹，在【文件名】文本框中输入文件名，在【保存类型】下拉列表中选择保存文件的类型。

（3）单击【保存】按钮完成工作簿文件的保存。

提示：（1）如果执行【文件】→【另存为】菜单命令，则每次都会弹出【另存为】对话框。

（2）为了防止断电前所编辑或修改的内容丢失，还可启动自动保存功能，执行【工具】→【选项】菜单命令，弹出【选项】对话框，然后选择【保存】选项卡，设置自动保存的间隔时间。

4.2.2　工作表的编辑

1．选择工作表

用户通常只能对当前的活动工作表进行操作，但有时需要同时对多个工作表进行复制、删除等操作，此时就需要首先选定工作表。

【案例 4-1】　选定工作表。

（1）选定单个工作表。要选定单个工作表，使其成为当前活动工作表，只需要在工作表标签上单击相应的工作表名即可。

（2）选定多个连续的工作表。单击要选定的第一个工作表标签，按住"Shift"键，再单击最后一个工作表标签，则可选定多个连续的工作表，此时工作簿窗口的标题栏上会出现"工作组"字样，如图 4-12 所示。

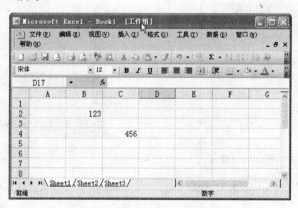

图 4-12　选定多个连续的工作表

（3）选定多个不连续的工作表。单击要选定的第一个工作表标签，按住"Ctrl"键，然后依次单击要选定的工作表标签即可，此时工作簿窗口的标题栏上也会出现"工作组"字样。

2．插入与删除工作表

新建的工作簿文件中，默认包含了 3 张工作表，但在实际工作中可以根据需要，在工作簿中增加新的工作表，也可以对不用的工作表进行删除。

（1）插入工作表。执行【插入】→【工作表】菜单命令，即可插入一张新的工作表。

（2）删除工作表。执行【编辑】→【删除工作表】菜单命令，或在要删除的工作表标签处单击鼠标右键，在弹出的快捷菜单中选择【删除】选项，即可删除当前工作表。

3．移动、复制与重命名工作表

（1）移动工作表。移动工作表是指调整工作表之间的排列次序。方法是单击工作表标签，按住鼠标左键拖动鼠标，在拖动过程中，工作表标签位置会出现一个黑色的三角形，指示工作表要移动的位置，当到达合适的位置后释放鼠标即可。

（2）复制工作表。在移动工作表的同时按住"Ctrl"键，这样就可以实现工作表的复制。

（3）重命名工作表。工作表的重命名可以采用以下两种方法：

① 在工作表标签处单击鼠标右键，在弹出的快捷菜单中选择【重命名】选项，输入新的工作表名称。

② 双击工作表标签处，然后输入新的工作表名称。

4.2.3　保护工作表与工作簿

保护工作表的目的是为了防止其他用户更改单元格的内容和格式、已定义的方案和图形对象等，以提高数据的安全性。

实现保护工作表的操作方法如下：

（1）执行【工具】→【保护】→【保护工作表】菜单命令，弹出【保护工作表】对话框，如图 4-13 所示。

（2）用户从中选择要保护工作表中的内容，然后输入密码，单击【确定】按钮，弹出【确认密码】对话框，如图 4-14 所示，再次输入后单击【确定】按钮即可。

图 4-13　【保护工作表】对话框

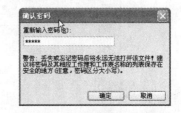

图 4-14　【确认密码】对话框

当不需要保护工作表时，可以执行【工具】→【保护】→【撤销保护工作表】菜单命令，取消对工作表的保护。

保护工作簿的方法与保护工作表的方法类似。

提示：保护工作簿用来帮助用户实现对工作簿结构和窗口的保护。在设置了对工作簿结构的保护后，用户就不能在工作簿中进行插入、删除、重命名、移动和复制工作表的操作，也不能更改工作簿窗口的大小。

实战任务

（1）新建一个"学生档案.xls"工作簿，要求将 Sheet1 改为"学生基本情况登记表"，将 Sheet2 改为"学生成绩表"，插入一个新的工作表"通讯录"，并将它移动到 Sheet3 工作表之前。

（2）保护"学生成绩表"工作表，设置保护密码为"xscjbh"。

4.2.4　工作表中的基本操作

1. 表格数据的输入

Excel 工作表的单元格中，可以输入数值型、字符型、日期时间型等不同类型的数据。下面分别对不同类型数据的输入方法进行介绍。

（1）输入数值型数据。数值型数据是类似于 100、3.14、−2.418 等形式的数据，它表示一个数量的概念。在 Excel 中，数值型常量只可以是 0～9 十个正数、正负号、圆括号（表示负数）、分数（除号）、$、%、小数点、E、e。

对数值型数据的输入，需要注意以下几点：

① 在默认情况下，数值型数据在单元格中靠右对齐。

② 正号（+）在单元格中会被忽略。

③ 当用户需要输入普通的实数类型的数据时，只需直接在单元格中输入，其默认的对齐方式是右对齐，如果输入的数据长度超过单元格宽度时（多于 11 位的数字，其中包括小数点和 E、+等字符），Excel 会自动以科学计数法表示，如图 4-15 所示。

| 100 | 60.2 | -2.71828 | 1.2E+19 |

图 4-15　输入数值型数据

④ 当用户输入分数时，需要在分数前输入一个 0（零）和一个空格，如输入"0 1/2"，这样可以避免 Excel 将 1/2 当作 1 月 2 号或 1 除以 2 来处理。

⑤ 若要设置小数点后数字的位数，可以在该单元格上单击鼠标右键，在弹出的快捷菜单中选择【设置单元格格式】选项，然后在【数字】选项卡的【分类】列表框里选择【数值】，再设定小数的位数（还可以设定千位分隔符和负数的显示格式），如图 4-16 所示。

（2）输入字符型数据。字符型数据是指字母、数字和其他特殊字符的任意组合，如 ABC、汉字、@¥%、010-88888888 等形式的数据，它是以 ASCII 码或者汉字机内码的形式保存在单元格中的。文本数据在单元格中默认为左对齐。有些数字如电话号码、身份证号码等，因为 Excel 默认情况下将它们识别为数值类型，所以常常需要手工将它们转换成字符数据，处理方式有以下两种：

① 在数字序列前加上一个单引号；

② 在该单元格上单击鼠标右键，在弹出的快捷菜单中选择【设置单元格格式】选项，然后在弹出的对话框中选择【数字】选项卡，在【分类】列表框里选择【文本】，如图 4-17 所示。

提示： 当输入的字符型数据超过单元格默认的宽度时，若相邻单元格是空白的，则会显示在相邻的空白单元格中；否则，超出的文字将会被隐藏，用户只需改变数据所在单元格的宽度即可将其显示。当输入的数字型数据超过单元格默认的宽度时，会以科学计数法来表示，但当单元格宽度不足以显示数据时，数值型数据将会被显示成"#####"，只要调整单元格的宽度即可显示。

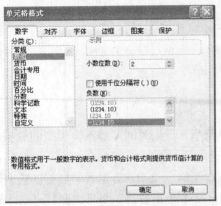

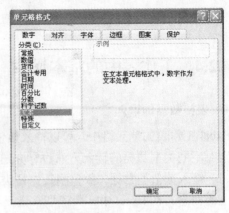

图 4-16　设置数值小数位数　　　　　图 4-17　设置单元格数据为文本型

（3）输入日期时间型数据。对于日期时间型数据，按日期和时间的表示方法输入即可。输入日期时，用连字符"-"或斜杠"/"分隔日期的年、月、日。输入时间时用"："分隔，Excel 默认以 24 小时计时，若想采用 12 小时制，在时间后加后缀 AM 或 PM 即可。例如，2004-1-1、2004/1/1、8:30:20 AM 等均为正确的日期时间型数据。

若要输入当天的日期，可按"Ctrl+；"组合键；若要输入当前的时间，可按"Ctrl +Shift+；"组合键。

当日期时间型数据太长，超过列宽时也会显示"####"，用户只要适当调整列宽就可以正常显示数据。

2. 数据的自动填充

在输入一个工作表的数据时，经常会遇到有规律的数据。例如，需要在相邻的单元格中填入序号一、二、三等，或者是月份，或者是 1，3，5，7 等序列，这时就可以使用 Excel 的自动填充功能。

自动填充是指将数据填写到相邻的单元格中，是一种快速填写数据的方法。Excel 内置的数据序列有日期序列、时间序列和数值序列，用户也可根据需要创建自定义序列。

（1）使用鼠标左键填充。使用鼠标自动填充时，需要用到填充柄。填充柄位于选定单元格区域的右下角，如图 4-18 所示。

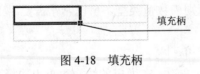

图 4-18　填充柄

填充的具体操作方法是：选择含有数据源的单元格，移动鼠标指针到填充柄，当鼠标指针变成✛时，按住鼠标左键拖动鼠标到目标单元格。

填充数值序列，相同的日期、时间和星期序列，其操作步骤如下：

① 选定待填充区域的起始单元格，然后输入序列的初始值并确认。

② 移动鼠标指针到初始值单元格右下角的填充柄。

③ 先按住"Ctrl"键，再按住鼠标左键拖动填充柄，经过待填充的区域。

④ 放开鼠标左键和"Ctrl"键，则序列数据会按已定的规律填充到鼠标拖动经过的各单

元格，如图 4-19 所示。

图 4-19　填充结果

填充完毕后，在右下脚会出现一个按钮，单击该按钮将出现修改命令。

（2）使用鼠标右键填充。按住鼠标右键拖动填充的方式，提供了更为强大的填充功能，其操作步骤如下：

① 选定待填充区域的起始单元格，然后输入序列的初始值并确认。

② 移动鼠标指针到初始值单元格右下角的填充柄。

③ 按住鼠标右键拖动填充柄，经过待填充的区域，弹出如图 4-20 所示的快捷菜单。

④ 在弹出的快捷菜单中选择要填充的方式。

- **复制单元格**：为所有待填充的单元格填充相同的值。
- **以序列方式填充**：按照系统默认的序列，填充所有待填充的单元格。
- **仅填充格式**：仅以起始单元格格式设置填充被填充的单元格，不影响被填充单元格的数据。
- **不带格式填充**：仅将数据复制到被填充的单元格，不改变被填充单元格的格式。
- **以工作日填充**：采用每周 5 天工作制填充单元格序列。
- **以天数填充**：针对日期型数据，以天为单位填充单元格序列。
- **以月填充**：以月为单位填充单元格序列。
- **以年填充**：以年为单位填充单元格序列。
- **等差序列**：从起始值开始按等差数列方式填充单元格序列。
- **等比序列**：从起始值开始按等比数列方式填充单元格序列。
- **序列**：选择该选项，弹出如图 4-21 所示的【序列】对话框，用户可在【类型】栏中选择需要的序列来进行填充。

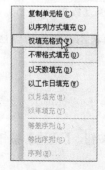

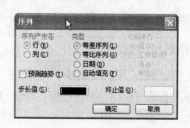

图 4-20　自动填充的快捷菜单　　　　　图 4-21　【序列】对话框

（3）自定义序列。在实际应用当中，有时 Excel 提供的序列不能完全满足需要，这时可以利用 Excel 提供的自定义序列功能来建立自己需要的序列。

【案例 4-2】 自定义序列。

将学校的专业名称自定义为一个操作序列，其操作步骤如下：

① 执行【工具】→【选项】菜单命令，弹出如图 4-22 所示的【选项】对话框，选择【自定义序列】选项卡。

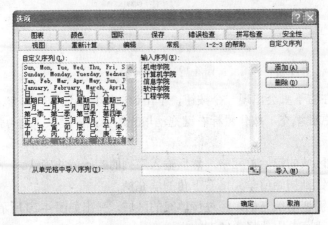

图 4-22 【选项】对话框

② 在【输入序列】列表框中分别输入序列的每一项，单击【添加】按钮；或单击【导入序列所在的单元格】按钮，将已经在表格中输入的序列添加到【自定义序列】列表中。

③ 单击【确定】按钮，退出对话框。

④ 定义好自定义序列后，即可利用填充柄或填充命令进行填充。

4.2.5 单元格的编辑

1．单元格数据的修改

当用户在单元格中输入数据后，可以按"Enter"键（此时活动单元格向下移）、"Tab"键（此时活动单元格向右移）或用鼠标单击其他单元格以确认数据输入完成。但如果输入的数据有错误时，就需要修改，修改数据的常用方法有如下两种：

（1）选择需要修改的单元格，在编辑栏的编辑区单击鼠标，当插入点出现后修改数据。

（2）双击需要修改的单元格，当插入点出现后在单元格中修改数据。

提示：如果修改数据时出现错误，可以选择恢复到修改前的状态，恢复的方法是单击"常用"工具栏中的【撤销】按钮，或使用组合键"Ctrl+Z"。

2．单元格区域的选择

选择单元格区域是许多编辑操作的基础，其操作方法如下：

（1）选择工作表中的所有单元格。单击工作表的【全选】按钮。【全选】按钮位于 A1 单元格的左上角，如图 4-23 所示。

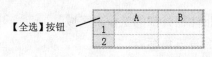

图 4-23　【全选】按钮

（2）选择一行（列）或多行（列）。

选择一行（列）：单击行（列）号。

选择相邻的多行（列）：在行（列）号上拖动鼠标，或者单击第一行（列）的行（列）号，然后按住"Shift"键，再单击最后一行（列）的行（列）号。

选择不相邻的多行（列）：先单击其中一行（列）的行（列）号，然后按住"Ctrl"键，单击其他行（列）的行（列）号。

（3）选择一个或多个单元格。

选择一个单元格：直接用鼠标单击该单元格。

选择一个矩形区域内多个相邻的单元格：如果所有待选择单元格在窗口中可见，则可以在矩形区域的某一角位置按下鼠标左键，然后沿矩形对角线拖动鼠标进行选取操作；如果部分待选择单元格在窗口中不可见，则可以在矩形区域的第一个单元格上单击鼠标左键，然后拖动滚动条使矩形对角线位置的单元格可见，接着按住"Shift"键，单击矩形对角线位置单元格。

选择多个不相邻的单元格：首先选择一个单元格，然后按住"Ctrl"键，单击其他单元格。

3．单元格内容的移动、复制

单元格内容的移动和复制，常用的方法有鼠标拖动和使用剪贴板两种。

（1）使用鼠标拖动。

① 选择要移动、复制的单元格。

② 如果要移动，将光标移动到单元格边框的下侧或右侧，当出现箭头状光标时用鼠标拖动单元格到新的位置即可；如果要复制，则需要按住"Ctrl"键的同时，拖动单元格到新位置（拖动过程中，光标旁会出当前单元格的位置名），释放鼠标即可完成操作。

（2）使用剪贴板。

① 选择要移动、复制的单元格。

② 如果要移动，单击工具栏中的【剪切】按钮，如果要复制，单击工具栏中的【复制】按钮，所选内容周围会出现一个闪动的虚线框，表明所选内容已放入剪贴板上。

③ 选择新位置中的第一个单元格，单击工具栏中的【粘贴】按钮，即可完成移动、复制操作。

提示：在操作过程中，按"Esc"键可取消选择区的虚线框，或双击任意非选择的单元格，也可取消选择区域。

4．插入与编辑批注

对数据进行编辑修改时，有需要在数据旁边添加注释，注明与数据相关的内容，这时可以通过添加批注来实现。其基本操作如下：

（1）单击需要添加批注的单元格，执行【插入】→【批注】菜单命令；

（2）在弹出的批注框中输入批注文本；

（3）输入完毕后，用鼠标单击批注框外部的工作表区域。

插入好批注后，单元格右上角会有三角标志。

提示：修改批注的方法为先单击需要修改批注的单元格，执行【插入】→【编辑批注】菜单命令即可进行修改。

5．选择性粘贴

Excel 单元格除了有其具体数字以外，还包含公式、格式、批注、列宽等，有时只需要单纯复制其中的值、格式、公式等，此时应使用选择性粘贴进行操作，其方法如下：

（1）选定需要复制的单元格，单击"常用"工具栏上的【复制】按钮或单击鼠标右键，在弹出的快捷菜单中选择【复制】选项。

（2）选定目标单元格，执行【编辑】→【选择性粘贴】菜单命令，弹出【选择性粘贴】对话框，如图 4-24 所示。

（3）选中【粘贴】标题下的所需单选按钮，再单击【确定】按钮。

图 4-24 【选择性粘贴】对话框

6．单元格内容的删除

（1）选择要删除内容的单元格。

（2）执行【编辑】→【清除】菜单命令，在其子菜单中选择要删除的内容（包括全部、内容、格式或批注）。若按"Delete"键删除，只相当于删除了单元格的文本内容，并不能对其格式进行清除。

7．单元格的删除、插入

（1）删除单元格。如果用户需要删除单元格本身（并非单元格内容），则 Excel 会将其右侧或下方单元格的内容自动左移或上移。其操作方法如下：

① 选择所要删除的单元格。

② 执行【编辑】→【删除】菜单命令，弹出如图 4-25 所示的【删除】对话框，选择删除后周围单元格的移动方向，单击【确定】按钮，完成删除操作。

（2）插入单元格。

① 选择需要插入单元格的位置。

② 执行【插入】→【单元格】菜单命令，弹出如图 4-26 所示的【插入】对话框，选择插入单元格后周围单元格的移动方向，单击【确定】按钮，完成插入操作。

图 4-25　【删除】对话框　　　　　图 4-26　【插入】对话框

8. 行、列的删除、插入

（1）删除行、列。

① 单击所要删除的行号或列标，选定该行或列。

② 执行【编辑】→【删除】菜单命令，即可完成行、列的删除。

（2）插入行、列。

① 单击要插入行、列所在的任意单元格，或选定要插入行的行号或列的列标。

② 执行【插入】→【行】或【列】菜单命令，则当前行、列的内容会自动下移或右移。

实战任务

（1）在"学生基本情况登记表"中插入新列"身份证号"和"出生日期"，并输入相应数据。

（2）利用自动填充功能快速输入学号、班级、政治面貌等内容。

（3）利用选择性粘贴功能进行复制，为相应的单元格添加批注或改变其相应的格式。

4.3　格式化工作表

通过对本节的学习，实现对学生成绩表进行相应的格式化操作，效果如图 4-27 所示。

图 4-27　格式化效果

问题一：学会设置工作表的行高和列宽。

问题二：学会设置合并单元格和字符的格式化。

问题三：学会设置单元格中数据的对齐方式。

问题四：学会设置单元格的边框、底纹。

问题五：学会设置自动套用格式和条件格式。

问题六：学会设置自定义样式和格式的复制与删除。

在 Excel 2003 工作簿中建立好工作表之后，在确保内容准确无误的前提下，还应该对工作表进行格式化设置。这样可以使工作表中的各项数据便于阅读，并使工作表更加美观。

Excel 2003 提供了丰富的格式化选项，如设置单元格字体格式、设置数据文本的对齐方式、调整行高和列宽、设置单元格数据格式、自动套用格式、自定义格式等。由于 Excel 的许多格式操作和 Word 类似，所以可以将两者结合起来，对比学习。

4.3.1 单元格格式的设置

在 Excel 2003 中，可根据需要对工作表和工作表中的单元格数据设置不同的格式。Excel 2003 提供了丰富的格式选项，使工作表更加美观、实用。

可根据需要对单元格设置不同的格式，如设置单元格数据、对齐方式、边框和底纹等。当做一些简单的操作时，可以通过"格式"工具栏上的按钮来进行设置。它提供了常用的【字体格式】按钮、【对齐】按钮、【合并及居中】按钮、【设置货币符号】按钮和【百分比样式】按钮等。操作方式与 Word 2003 类似，先选定要设置的工作表和数据，再单击"格式"工具栏上相应的按钮即可。这种方式可以进行比较简单的格式化操作，它的特点是简便、迅速。

当要设置一些比较复杂的工作表数据时，通常执行【格式】→【单元格】菜单命令，在【单元格格式】对话框中根据需要选择不同的选项卡进行格式设置。

1．单元格数据格式

Excel 2003 工作表中的数据在默认状态下是常规格式，但实际上 Excel 2003 为设置单元格数据提供了多种设置格式，如数值、货币、日期、时间、百分比等。

例如，将常规格式的单元格 B5 中的数据设置为具有 3 位小数的数值型数据的操作如下：

（1）选择需要格式化的 B5 单元格。

（2）执行【格式】→【单元格】菜单命令，弹出【单元格格式】对话框。

（3）选择【数字】选项卡，选择【数值】选项，设置小数位数为 3，如图 4-28 所示。

（4）单击【确定】按钮。

2．单元格数据的对齐方式

Excel 2003 在默认状态下，字符型数据是靠左对齐，数值型数据是靠右对齐显示的。这只是针对水平对齐方式来讲的，在 Excel 2003 中数据的对齐方式是指显示单元格的内容时，单元格上下左右的相对位置。所以，除了水平对齐方式，还有 3 种垂直对齐方式，即上对齐、下对齐和居中对齐。

图 4-28　【数字】选项卡

要设置单元格数据的对齐方式，可以单击"格式"工具栏上的【对齐】按钮或执行【格式】→【单元格】菜单命令，弹出【单元格格式】对话框，选择【对齐】选项卡进行设置。

对于简单的对齐方式，可直接通过单击"格式"工具栏上的【对齐】按钮来实现。对齐格式的工具按钮有 4 个，即左对齐、居中对齐、右对齐、合并及居中。前 3 个按钮在 Word 2003 中已经多次使用，【合并及居中】按钮 的功能是将选取的单元格区域先合并，然后再居中对齐数据，如图 4-29 所示的表的标题。

如果工作表编辑的对齐方式比较复杂，通常执行【格式】→【单元格】菜单命令来完成单元格对齐方式的设置，其具体的操作步骤如下：

（1）选定需要设置格式的单元格或单元格区域。

（2）执行【格式】→【单元格】菜单命令，弹出【单元格格式】对话框。

（3）选择【对齐】选项卡，如图 4-30 所示。

（4）从中选择所需要使用的对齐选项。

（5）单击【确定】按钮。

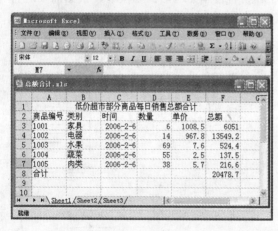

图 4-29　单元格合并及居中

图 4-30　【对齐】选项卡

在【对齐】选项卡的【水平对齐】列表框中包含的选项有常规、靠左、靠右、居中、填充、两端对齐、跨列居中和分散对齐；在【垂直对齐】列表框中包含的选项有靠上、居中、靠下、两端对齐和分散对齐。

在【文本控制】选项组中，选中【自动换行】复选框，Excel可根据单元格列宽把文本折行，并自动调整单元格的高度，使全部内容都能显示在该单元格中；选中【缩小字体填充】复选框，可自动缩减单元格中字符的大小，以使数据的宽度与列宽一致，若调整列宽，字符大小将自动调整，但设置的字体大小仍保持不变。选中【合并单元格】复选框，可将多个相邻的单元格合并为一个单元格，合并后单元格的引用为合并前左上角单元格的引用。

在【方向】选项组中，使用鼠标拖动文本指针或单击【数值调节】按钮，可以任意旋转单元格中字符的角度。

3．单元格数据的字体设置

单元格数据的字体设置同样有两种方式，可以通过单击"格式"工具栏上的按钮或执行【格式】→【单元格】菜单命令，在弹出的【单元格格式】对话框中选择【字体】选项卡进行设置。如图 4-31 所示，【字体】选项卡中主要包括字体、字形、字号、下画线、颜色、特殊效果等设置，这些操作在 Word 2003 中已经多次使用过，在此就不再赘述。

4．单元格的边框和底纹

默认状态下，工作表中显示的网格线呈淡灰色，它是为了方便用户的输入和编辑而预先设置的，在打印或预览时不显示。在设置单元格格式时，为了使单元格中的数据显示得更清晰，改善工作表的视觉效果，可对单元格的边框和底纹进行设置。

（1）使用"格式"工具栏上的【边框】按钮设置边框，其具体的操作步骤如下：

① 选定要添加边框的单元格区域。

② 单击"格式"工具栏中的【边框】按钮，在弹出的菜单中选择需要的框线类型，主要的框线类型有无框线、下框线、左框线、右框线、双底框线、粗框线、上下框线、上框线和双下框线、上框线和粗下框线、所有框线、外框线、粗下框线。

如果题目要求设置的边框还需要改变线条的样式、颜色等其他格式，则可执行【格式】→【单元格】菜单命令，在【单元格格式】对话框中选择【边框】选项卡，根据需要进行相应的设置，如图 4-32 所示，单击【确定】按钮。

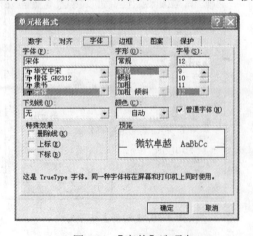

图 4-31 【字体】选项卡

图 4-32 【边框】选项卡

其中，单击【预置】选项组中的【外边框】或【内部】按钮，边框将应用于单元格的外边或内部；要添加或删除边框，可单击【边框】选项组中相应的边框按钮，然后在预览框中查看应用效果；要为边框应用不同的线条和颜色，可在【线条】选项组的【样式】列表中选择线条样式，在【颜色】下拉列表框中选择边框颜色；要删除所选单元格的边框，可单击【预置】选项组中的【无】按钮。

（2）单击"格式"工具栏上的【底纹】按钮设置底纹。用户不仅可以改变文字的颜色，设置单元格边框的颜色，同时还可以改变单元格的颜色，为单元格添加底纹效果，以突出显示或美化部分单元格，其具体操作步骤如下：

① 选定要添加底纹的单元格区域。

② 单击"格式"工具栏上的【填充颜色】按钮，在弹出的调色板中选择需要的颜色。

单击"格式"工具栏上的【底纹】按钮设置底纹，操作简单方便，但它只能为单元格填充单一的颜色，而不能进行填充图案等更丰富的设置，这时就用到了菜单命令来为单元格添加底纹，其具体操作步骤如下：

① 选定要添加底纹的单元格区域。

② 执行【格式】→【单元格】菜单命令，在弹出的【单元格格式】对话框中选择【图案】选项卡，如图 4-33 所示，在【颜色】选项组中选择合适的底纹颜色。

③ 在【图案】下拉列表框中选择底纹的图案，在【示例】选项组中可以预览所选底纹图案的效果。

④ 单击【确定】按钮。

另外需要说明的是，在默认情况下，每个单元格都由围绕它的淡灰色网格线来标识，当然也可将这些网格线隐藏起来，具体操作步骤如下：

① 打开一个 Excel 工作簿文件，执行【工具】→【选项】菜单命令。

② 在弹出的【选项】对话框中选择【视图】选项卡。

③ 在【窗口选项】选项组中取消对【网格线】复选框的选择，如图 4-34 所示。

④ 单击【确定】按钮。

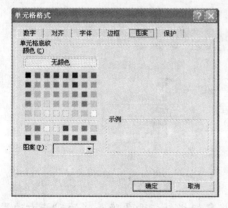

图 4-33 【图案】选项卡

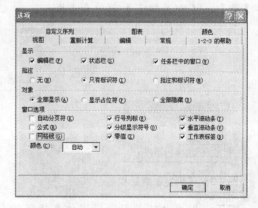

图 4-34 【视图】选项卡

4.3.2　行、列的设置

当 Excel 2003 默认工作表的行高和列宽与单元格中的数据不匹配时，可以通过调整行高

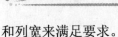

和列宽来满足要求。

1. 使用鼠标改变行高或列宽

当行高需要调整时，可将鼠标指针指向行号间的分隔线，当光标从空心的"十"字变成带上下箭头的"十"字时，按住鼠标左键拖动到合适的位置即可。

使用鼠标改变列宽的方法与使用鼠标调整行高的方法类似。例如，要改变 B 列的宽度，将鼠标指针指向 B 列和 C 列间的分隔线，当光标从空心的"十"字变成带上下箭头的"十"字时，按住鼠标左键，这时屏幕提示框中将显示出列的宽度值，将列宽调整到合适的在大小后，释放鼠标左键即可。

2. 精确改变行高和列宽

当需要精确、快速地改变行高时，可执行【格式】→【行高】菜单命令，具体操作如下：

（1）选定要改变行高的行。

（2）执行【格式】→【行高】菜单命令，在弹出的【行高】对话框中输入行高的数值。

（3）单击【确定】按钮。

提示：将鼠标指针指向行号或列标间的分隔线，当光标从空心的"十"字变成带上下箭头的"十"字时，双击鼠标，Excel 2003 将会自动调整到适合的行高和列宽；也可以执行【格式】→【行】→【最适合的行高】或【格式】→【列】→【最适合的列宽】菜单命令。

精确改变列宽的方法与精确调整行高的方法类似。例如，要设置 B 列的宽度为 7 磅，则应选定 B 列，执行【格式】→【列宽】菜单命令，在弹出的如图 4-35 所示的【列宽】对话框中输入列宽的值为 7 即可。

如果一个表太长或太宽，可以把这个表中的一些行或列隐藏起来以方便查看。对列而言，选定要隐藏列的任意单元格，执行【格式】→【列】→【隐藏】菜单命令，如图 4-36 所示，就可以把这一列隐藏起来，行的隐藏方法也是一样的。如果要取消隐藏，只要执行【格式】→【列】→【取消隐藏】菜单命令即可。

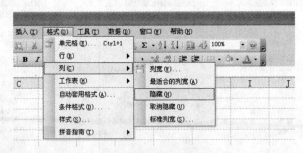

图 4-35 【列宽】对话框   图 4-36 隐藏列

提示：用户也可以用鼠标操作来隐藏行或列，将鼠标指针指向要隐藏列的列标右边界或行的行号下边界，当鼠标指针变成双向箭头时，拖动鼠标，隐藏列时，从右向左拖动；隐藏行时，从下向上拖动。拖动时，屏幕提示框将显示相应的列宽或行高，将列宽或行高调整为 0 时，即可隐藏该列或该行。

4.3.3　自动套用格式的使用

Excel 2003 为用户提供了多种工作表的格式，这些格式中组合了数字、字体、对齐、边框、图案、列宽、行高等属性，套用这些格式，既可以美化工作表，又可以大大提高用户的工作效率。自动套用格式的操作步骤如下：

（1）选择需要自动套用格式的单元格或单元格区域。

（2）执行【格式】→【自动套用格式】菜单命令，弹出【自动套用格式】对话框，如图 4-37 所示。

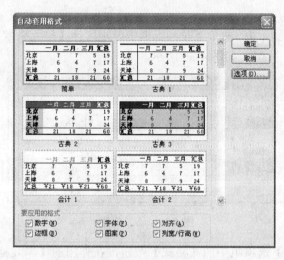

图 4-37　【自动套用格式】对话框

（3）在其中选择所需要的格式类型。

（4）单击【选项】按钮，可在该对话框底部显示【要应用的格式】选项组，从中进行相应的设置。

（5）单击【确定】按钮。

4.3.4　条件格式的使用

条件格式是指如果选定的单元格满足了特定的条件，那么 Excel 2003 将底纹、字体、颜色等格式应用到该单元格中。一般在需要突出显示公式的计算结果或者要监视单元格的值时应用条件格式。Excel 2003 中的条件格式功能可以根据单元格内容有选择地自动应用格式，带来了很多方便。

例如，为了能让学生成绩表中不同阶段的成绩一目了然，可通过条件格式设置低于 60 分的成绩用红色倾斜字体显示，介于 80～90 之间的成绩用蓝色字体显示，其具体操作步骤如下：

（1）选定要设置条件格式的单元格区域。

（2）执行【格式】→【条件格式】菜单命令，弹出【条件格式】对话框，在【条件 1】选项区的两个下拉列表框中分别选择【单元格数值】和【介于】选项，在后面的两个文本框中分别输入"80"和"90",如图 4-38 所示。

图 4-38 【条件格式】对话框

（3）单击【格式】按钮，在弹出的【单元格格式】对话框中设置字体的颜色为蓝色。

（4）单击【确定】按钮，返回【条件格式】对话框后，单击【添加】按钮，展开【条件 2】选项组。

（5）在【条件 2】选项组的两个下拉列表框中分别选择【单元格数值】和【小于】选项，在后面的文本框中输入"60"，如图 4-39 所示。

图 4-39 添加条件

（6）单击【条件 2】选项组中的【格式】按钮，在弹出的【单元格格式】对话框中设置字体为红色、倾斜。

提示：【条件】下拉列表框中的【单元格数值】选项可对含有数值或其他内容的单元格应用条件格式；【公式】选项可对含有公式的单元格应用条件格式，但指定公式的求值结果必须能够判断真假，同时，输入公式时，必须在公式前加"="号。

若要取消已经存在的条件格式，则只要执行【格式】→【条件格式】菜单命令，在弹出的【条件格式】对话框中单击【删除】按钮，在弹出的【删除条件格式】对话框中选择要删除的条件选项，单击【确定】按钮即可。

4.3.5 自定义样式

Excel 2003 提供了多种预先设置的样式，在平时操作的过程中可通过样式的使用来进行快速格式化。样式的使用非常简单，只要选中需要设置样式的单元格或单元格区域，执行【格式】→【样式】菜单命令，在弹出的【样式】对话框中选择需要的样式即可，如图 4-40 所示。

当然，还可以自定义样式，把经常使用的单元格格式保存为一种样式，以便随时调用。自定义样式的操作步骤如下：

（1）执行【格式】→【样式】菜单命令，弹出【样式】对话框，选择样式包括的格式内容。

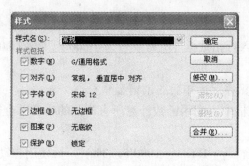

图 4-40 【样式】对话框

（2）在对话框中的【样式名】输入框中输入名称。

（3）单击【修改】按钮，弹出【单元格格式】对话框，设置想要的格式。

（4）单击【确定】按钮，所设置的格式即可作为样式被保存起来，可直接调用。

4.3.6 格式的复制与删除

为单元格设置的很多种格式，如字号、字体、边框和底纹、数字格式等，这些都是可以复制或删除的。

选中要复制格式的单元格，单击工具栏上的【格式刷】按钮，然后在要复制到的单元格上单击，鼠标指针变成 ✛▲ 时，即可将格式复制过来。

选中要删除格式的单元格，执行【编辑】→【清除】→【格式】菜单命令，选中的单元格即可变为默认格式。

实战任务

（1）分别设置"学生档案.xls"工作簿中各个工作表的格式，要求表头标题居中，单元格中数据居中，并为单元格区域添加边框和底纹。

（2）为各个工作表添加合适的工作表背景。

4.4 公式与函数

引导案例：通过对本节学习，能完成下面 3 个引申提问（商品销售表如图 4-41 所示）。

	A	B	C	D	E	F	G	H	I	J
1					商品销售表					
2	序号	类别	品名	型号	单价	折扣	数量	金额	销售代表	销售日期
3	001	畅想系列	打印机	LQ	2910		6		文奕媛	2009-2-18
4	002	办公设备	优特电脑考	XF18	550		3		文奕媛	2009-6-18
5	003	办公设备	四星复印材	AD168	10900		1		张小默	2009-2-18
6	004	畅想系列	移动存储	256M	60		6		张小默	2009-8-20
7	005	办公耗材	复印纸	A3	25		4		徐哲	2009-3-2
8	006	畅想系列	网络产品	SCSI9	250		2		张小默	2009-2-18
9	007	办公设备	四星复印材	TE165	7600		1		文奕媛	2009-2-18
10	008	畅想系列	移动存储	1G	110		1		徐哲	2009-2-18
11	009	畅想系列	打印机	QA59	2840		1		文奕媛	2009-6-18
12	010	办公设备	四星复印材	TO163	5800		2		张小默	2009-3-3
13	011	办公耗材	传真纸	XGP	5		1		徐哲	2009-6-18

图 4-41 商品销售表

引申提问：

（1）如何利用函数填入折扣数据（所有单价为 1 000 元（含 1 000 元）以上的折扣为 5%，其余的折扣为 3%）？

（2）如何利用公式计算各行折扣后的销售金额？

（3）如何在 H14 单元格中，利用函数计算所有产品的销售总金额？

引导案例实现步骤：

（1）在 E3 单元格中输入"=IF(F3>=1000,5%,3%)"，再使用自动填充填入其他单元格。

（2）在 H3 单元格中输入"=E3*(1–F3)*G3"，再使用自动填充填入其他单元格。

（3）在 H14 单元格中输入"=SUM(H3:H13)"即可计算出销售总金额。

4.4.1　公式的应用

1．公式的输入

Excel 通过引进公式，增强了对数据的运算分析能力。公式是对工作表数据进行运算的方程式。例如，在学生成绩表中，已知所有学生的各门功课成绩，现在需要计算每个学生的总成绩，则需要单击 E3 单元格，然后输入公式"=B3+C3+D3"，按"Enter"键，此时，Excel 可自动计算出每个学生的总成绩，如图 4-42 所示。

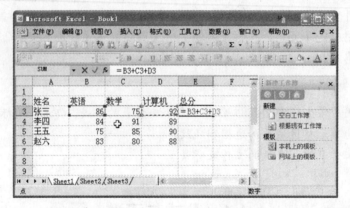

图 4-42　使用公式计算

在 Excel 中，公式在形式上是由等号开始的，其语法可表示为"=表达式"。其中，表达式由运算数和运算符组成。运算数可以是常量数值、单元格或区域的引用、函数等；而运算符则是对公式中各运算数进行运算操作的符号。例如，=1+2+3、=A1–2、=SUM(A1:A5)+3 都是符合语法的公式。

提示：当用户确认公式输入完成后，单元格显示的是公式的计算结果。如果用户需要查看或者修改公式，则可以双击单元格，在单元格中查看或修改公式，或者单击单元格，在编辑栏中查看或修改公式。

2．Excel 中的运算符

公式用于按特定次序计算数值，通常以等号开始，位于等号之后的就是组成公式的各种字符。其中，紧随在等号之后的是需要进行计算的元素——操作数，各操作数之间是以算术运算符来分隔的。

运算符用于指明对公式中元素做计算的类型，如加法、减法或乘法。中文 Excel 2003 中的运算符有 4 种类型，即算术运算符、比较运算符、文本运算符和引用运算符。

（1）算术运算符。用于完成基本的数学运算、连接数字和产生数字结果等。算术运算符的名称和示例如表 4-1 所示。

表 4-1　算术运算符的名称和示例

算术运算符	名　称	示　例
+	加法	加法（3+3）
−	减法（负号）	减法（3−1）负号（−2）
*	乘号	乘法运算（3*3）
/	除号	除法运算（6/2）
%	百分号	百分比（30%）
^	插入符号	乘幂运算（3^2，与 3*3 相同）

（2）比较运算符。用于比较两个值，结果将是一个逻辑值，即不是 TRUE（真）就是 FALSE（假）。与其他的计算机程序语言类似，这类运算符还用于按条件做下一步运算。比较运算符的名称和示例如表 4-2 所示。

表 4-2　比较运算符的名称和示例

比较运算符	名　称	示　例
=	等号	等于（B1=D2）
>	大于号	大于（B1>D2）
<	小于号	小于（B1<D2）
>=	大于等于号	大于等于（B1>=D2）
<=	小于等于号	小于等于（B1<=D2）
<>	不等于号	不等于（B1<>D2）

（3）文本运算符。它实际上是一个文字串联符——&，用于加入或连接一个或多个字符串，来产生一大段文本。文本运算符的名称和示例如表 4-3 所示。

表 4-3　文本运算符的名称和示例

文本运算符	名　称	示　例
&	和号	如"North" & "wind"，结果将是 North wind

（4）引用运算符。引用运算符可以将单元格区域合并起来进行计算。引用运算符的名称和示例如表 4-4 所示。

表 4-4　引用运算符的名称和示例

引用运算符	名　称	示　例
:	冒号	区域运算符，产生两个引用之间所有单元格的引用（A5:A20）
,	逗号	联合运算符，将多个引用合并为一个引用（SUM(A1:A5,C1:C20)）
（空格）	空格	交叉运算符，产生对两个引用共有单元格的引用（B7:D7　C6:C8）

3．运算符的优先级

如果公式中使用了多个运算符，则按运算符的优先级（见表4-5）进行运算；如果公式中包含了相同优先级的运算符，则将从左到右进行计算；如果要修改计算的顺序，可把需要首先计算的部分放在一对圆括号内。

表 4-5　运算符的优先级

运　算　符	说　　　明
:	引用运算符
单个空格与,	
–（负号）	负号
%	百分比
^	乘幂
*和/	乘和除
+和–	加和减
&	文本运算符
=、>、<、>=、<=、<>	比较运算符

4．单元格的引用

单元格引用用于标识工作表中的单元格或单元格区域，它在公式中指明了公式所使用数据的位置。在 Excel 中有相对引用、绝对引用和混合引用，它们适用于不同的场合。

（1）相对引用。Excel 默认的单元格引用为相对引用。相对引用是指某一单元格的地址是相对于当前单元格的相对位置。其在组成形式上是由单元格的行号和列标组成的，如 A1、B2、E5 等。在相对引用中，当复制或移动公式时，Excel 会根据移动的位置自动调节公式中引用单元格的地址。例如，图 4-42 中 E3 单元格中的公式"=B3+C3+D3"，在被复制到 E4 单元格时会自动变为"= B4+C4+D4"，从而使得 E4 单元格中也能得到正确的计算结果。

（2）绝对引用。绝对引用是指某一单元格的地址是其在工作表中的绝对位置，其构成形式是在行号和列标前面各加一个"$"符号。例如，$A$2、$B$4、$H$5 都是对单元格的绝对引用。其特点在于，当把一个含有绝对引用的单元格中的公式移动或复制到一个新的位置时，公式中的单元格地址不会发生变化。例如，若在 E3 单元格中有公式"=$B$3+$C$3"，如果将其复制到 E4 单元格中，则 E4 单元格中的公式还是"=$B$3+$C$3"。绝对引用可以用于分数运算时固定分母。

（3）混合引用。在公式中同时使用相对引用和绝对引用称为混合引用，如 E$5 表示 E 是相对引用，$4 是绝对引用。

（4）在当前工作簿中引用其他工作表中的单元格。为了指明此单元格属于的工作表，可在该单元格坐标或名称前加上其所在的工作表名称和感叹号分隔符"！"。例如，Sheet1!A5 表示对 Sheet1 工作表中 A5 单元格的引用。

（5）引用其他工作簿中的单元格。当引用其他工作簿中的单元格时，需要指明此单元格属于的工作簿和工作表，因此其引用格式为：[工作簿名称]工作表名!单元格名称。例如，[Book1]Sheet1!A2 表示引用了文件名为 Book1 工作簿的 Sheet1 工作表中 A2 单元格的数据。

5．几种公式的计算

（1）自动求和。求和计算是一种最常用的公式计算，单击工具栏中的【求和】按钮，将自动对活动单元格上方或左侧的数据进行求和计算。其操作步骤如下：

① 将光标放在求和结果单元格。

② 单击"常用"工具栏上的【求和】按钮，Excel 将自动出现求和函数 SUM 和求和数据区域，如图 4-43 所示。

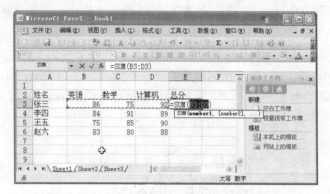

图 4-43 自动求和操作

③ 单击【输入】按钮（" √"）确定公式，或在数据区域重新输入数据以修改公式。

（2）合并"姓"和"名"。通过公式能将存储在某一列中的"姓"和存储在另一列中的"名"连接起来，如假定单元格 D5 包含"名"，单元格 E5 包含"姓"，若要以格式"名 姓"（如"John Smith"）显示全名可输入公式 "=D5&" "&E5"；若要以格式"姓,名"（如"Smith, John"）显示全名则输入 "=E5&", "&D5"。

（3）按百分比增加。存储在单元格中的数值还能增长若干个百分点，如假定单元格 F5 中包含一个初始值，那么公式 "= F5*(1+5%)" 将让其值增长百分之五。

如果百分点数值存储在某单元格中，如单元格 F2，还可以使用公式 "=F5*(1+$F$2)"。

4.4.2 函数的应用

函数作为 Excel 处理数据一个最重要的手段，功能是十分强大的，在生活和工作实践中可以有多种应用，甚至可以用 Excel 来设计复杂的统计管理表格或者小型的数据库系统。

1．函数的概念

Excel 中所提的函数其实是一些预定义的公式，它们使用一些称为参数的特定数值按特定的顺序或结构进行计算。用户可以直接用它们对某个区域内的数值进行一系列运算，如分析和处理日期值和时间值、确定贷款的支付额、确定单元格中的数据类型、计算平均值、排序显示和运算文本数据等。

参数可以是数字、文本、形如 TRUE 或 FALSE 的逻辑值、数组、形如 #N/A 的错误值或单元格引用，给定的参数必须能产生有效的值。此外，参数也可以是常量、公式或其他函数。

（1）数组。用于建立可产生多个结果或可对存放在行和列中的一组参数进行运算的单个公式。在 Microsoft Excel 中有两类数组,即区域数组和常量数组。区域数组是一个矩形的单元格区域,该区域中的单元格共用一个公式;常量数组将一组给定的常量作为某个公式中的参数。

(2)单元格引用。用于表示单元格在工作表所处位置的坐标值。例如,显示在第 B 列和第 3 行交叉处的单元格,其引用形式为 B3。

(3)常量。常量是直接输入单元格或公式中的数字、文本值,或者由名称所代表的数字、文本值。例如,日期 10/9/96、数字 210 和文本 Quarterly Earnings 都是常量。公式或由公式得出的数值都不是常量。

在学习 Excel 中的函数之前,需要对于函数的结构进行必要的了解。如图 4-44 所示,函数的结构以函数名称开始,后面是左圆括号、以逗号分隔的参数和右圆括号。如果函数以公式的形式出现,则在函数名称前面输入等号。在创建包含函数的公式时,公式选项板将提供相关的帮助。

图 4-44 函数结构

2.函数的输入

(1)手工输入。对于一些比较简单的函数,用户可以用输入公式的方法直接在单元格中输入函数。例如,在图 4-43 的 E3 单元格中直接输入 "=SUM(B3:D3)",然后按 "Enter" 键确认即可得到学生的总成绩。

(2)使用【插入函数】对话框输入。对于参数较多或比较复杂的函数,一般通过【插入函数】对话框来输入,其操作步骤如下:

① 选定要粘贴函数的单元格。

② 执行【插入】→【函数】菜单命令,弹出 【插入函数】对话框,如图 4-45 所示。

③ 从【选择类别】列表框中选择要输入的函数类别,再从【选择函数】列表框中选择所需要的函数。

④ 单击【确定】按钮,弹出如图 4-46 所示的【函数参数】对话框。

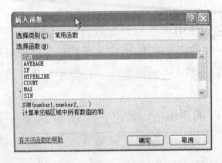

图 4-45 【插入函数】对话框

图 4-46 【函数参数】对话框

⑤ 在对话框中输入所选函数要求的参数（可以是数值、引用、名字、公式和其他函数）。如果要将单元格引用作为参数，可单击参数框右侧的【暂时隐藏对话框】按钮，这样只在工作表上方显示参数编辑框，再从工作表上单击相应的单元格，然后再次单击【暂时隐藏对话框】按钮，返回【函数参数】对话框。

⑥ 单击【确定】按钮即可完成函数的输入，并得到相应的计算结果。

（3）使用【编辑公式】按钮输入函数。

① 在编辑栏的编辑区内输入"="或单击【编辑公式】按钮，这时名称框内就会出现函数列表，如图 4-47 所示。

图 4-47　名称框中的函数列表

② 从中选择相应的函数，输入参数，即可完成函数的输入，并得到相应的计算结果。

3. 常见函数的应用

（1）最大值、最小值函数 MAX、MIN。这两个函数就是用来求解数据集的极值（即最大值、最小值）。函数的用法非常简单，语法形式为函数（number1, number2,...），其中"number1, number2, ..."为需要找出最大数值的数值型数组。

例 1：=MAX（4, 8, 9, 41, 74, 25, 102）的值为 102。

提示：MAX 中的数值数量不能超过 30 个。

例 2：=MAX（A1:A10）的值为 A1～A10 中的最大值。

（2）求和、带条件求和函数 SUM、SUMIF。SUM 函数的特点是需要对行或列内的若干单元格求和。SUMIF 函数可对满足某一条件的单元格区域求和，该条件可以是数值、文本或表达式，可以应用在人事、工资和成绩统计中。例如，=SUMIF($C$3:$C$12,"销售部",$F$3:$F$12)，其中，"$C$3:$C$12"为提供逻辑判断依据的单元格区域，"销售部"为判断条件，即只统计$C$3:$C$12 区域中部门为销售部的单元格，$F$3:$F$12 为实际求和输出的单元格区域。

（3）条件函数 IF。IF 函数用于执行真假值判断后，根据逻辑测试的真假值返回不同的结果，因此 IF 函数也称为条件函数。它的应用很广泛，可以使用函数 IF 对数值和公式进行条件检测。

它的语法为 IF(logical_test,value_if_true,value_if_false)，其中，logical_test 表示计算结果为 TRUE 或 FALSE 的任意值或表达式，本参数可使用任意比较运算符。

value_if_true 显示在 logical_test 为 TRUE 时返回的值，也可以是其他公式；value_if_false logical_test 为 FALSE 时返回的值，也可以是其他公式。

提示： 如果第一个参数 logical_test 返回的结果为真，则执行第二个参数 value_if_true 的结果，否则执行第三个参数 value_if_false 的结果。IF 函数可以嵌套七层，用 value_if_false 及 value_if_true 参数可以构造复杂的检测条件。

例如：=IF(B11>60,"合格","不合格")，语法解释为如果单元格 B11 的值大于 60，则执行第二个参数即在单元格 B12 中显示"合格"字样，否则执行第三个参数即在单元格 B12 中显示"不合格"字样。

（4）统计函数 COUNT 和 COUNTIF。COUNT 函数的语法形式为 COUNT(value1, value2, ...)，其中，"value1, value2, ..."为包含或引用各种类型数据的参数（1～30 个），但只有数字类型的数据才被计数。COUNT 函数在计数时，将把数字、空值、逻辑值、日期或以文字代表的数计算进去，但是错误值或其他无法转换成数字的文字则被忽略。

例 1：=COUNT（4, 8, 9, 41, 74, 苍天, 102）的值为 6，其中，"苍天"为文字没有统计在内，且数值数量不能超过 30 个。

例 2：=COUNT（A1:A10）的值为 A1～A10 中所有数值的个数。

COUNTIF 函数可以用来计算给定区域内满足特定条件的单元格的数目，如在成绩表中计算每位学生取得优秀成绩的课程数，在工资表中求出所有基本工资在 2 000 元以上的员工数。

其语法形式为 COUNTIF(range,criteria)，其中，range 为需要计算其中满足条件的单元格数目的单元格区域；criteria 确定哪些单元格将被计算在内的条件，其形式可以为数字、表达式或文本。

例如：=COUNTIF(B4:B10,">90")，语法解释为计算 B4～B10 这个范围内的数值中大于 90 的单元格个数。

（5）排位函数 RANK。RANK 是一个数值在一组数值中的排位函数。其语法形式为 RANK(number,ref,order)，其中，number 为需要找到排位的数字，ref 为包含一组数字的数组或引用，order 为用来指明排位的方式。如果 order 为 0 或省略，则 Excel 将 ref 当成按降序排列的数据清单进行排位。如果 order 不为零，Excel 将 ref 当成按升序排列的数据清单进行排位。

提示： RANK 函数对重复数的排位相同，但重复数的存在将影响后续数值的排位。它并列第几的概念，例如，在一列整数里，如果整数 10 出现两次，其排位为 5，则整数 11 的排位为 7（没有排位为 6 的数值）。

例如：=RANK(C3,$C$3:$C$12)，语法解释为计算 C3 单元格中的数值在 C3:C12 数据区域内的排位值。

（6）查询函数 VLOOKUP。其语法形式为 VLOOKUP（lookup_value,table_array, col_index_num,range_lookup），其中，lookup_value 表示要查找的值，它必须位于自定义查找区域的最左列，可以为数值、引用或文字串。table_array 表示查找的区域，用于查找数据的区域，查找值必须位于这个区域的最左列。col_index_num 为相对列号，最左列为 1，其右边一列为 2，依此类推。range_lookup 为一个逻辑值，指明 VLOOKUP 函数查找时是精确匹配

（FALSE），还是近似匹配（TRUE）。

例如：=VLOOKUP($A21,$A$3:$H$12,2,FALSE)，语法解释为在$A$3:$H$12 范围内，精确找出与 A21 单元格相符的行，并将该行中第二列的内容计入单元格中。

4．使用帮助命令解决陌生函数的应用

在实际工作经常会碰见一些自己不熟悉的函数，这时就应该想到 Excel 中的帮助系统，和其他很多软件一样进入帮助系统的方法就是按"F1"键。

（1）按"F1"键进入【Excel 帮助】任务窗格，如图 4-48 所示。

图 4-48　【Excel 帮助】任务窗格

图 4-49　【搜索结果】任务窗格

（2）在【搜索】栏中输入要查找的函数名称，如 VLOOKUP 函数，单击【搜索】按钮，就可以在【搜索结果】任务窗格中看到关于该函数的信息，如图 4-49 所示。

实战任务

（1）利用公式求解数学表达式"$y=2x^2+1$"当 x 从 0 变化到 15 时的值。

（2）利用本章节所学知识解决引导案例商品销售表中的实际问题。

4.5　数据管理与分析

引导案例：通过对本节学习，能完成下面 3 个引申提问（学生公共选修课程表如图 4-50所示）。

引申提问：

（1）如何利用筛选功能，选出所有成绩合格者？

（2）如何利用排序功能，对该表的【分数】列进行降序排列？

（3）如何通过分类汇总，计算出各年级网页设计与制作课程的平均分？

引导案例实现步骤：

	A	B	C	D	E	F	G
1	学生公共选修课成绩表						
2	姓名	年级	专业	课程	课程学分	分数	是否及格
3	李兴	04级	电子商务	网页设计与制作	2	94	合格
4	祝新建	04级	电子商务	摄影基础	2	95	合格
5	周莹	04级	会计电算化	摄影基础	2	57	不合格
6	张金宝	04级	会计电算化	网页设计与制作	2	91	合格
7	喜晶	04级	机电一体化	摄影基础	2	73	合格
8	张志奎	04级	机电一体化	图形图像处理	2	95	合格
9	张佳	04级	商务英语	图形图像处理	2	84	合格
10	李明慧	05级	广告设计	flash动画设计与制作	2	69	合格
11	赵建民	05级	会计电算化	摄影基础	2	88	合格
12	张学民	05级	机电一体化	图形图像处理	2	73	合格
13	杨梅	05级	机电一体化	flash动画设计与制作	2	48	不合格
14	张大全	05级	机电一体化	flash动画设计与制作	2	46	不合格
15	钱屹立	05级	商务英语	flash动画设计与制作	2	52	不合格
16	万国惠	06级	电子商务	网页设计与制作	2	78	合格
17	王惠	06级	电子商务	图形图像处理	2	67	合格
18	马大可	06级	广告设计	网页设计与制作	2	39	不合格
19	张可心	06级	广告设计	图形图像处理	2	84	合格
20	郭亮	06级	会计电算化	网页设计与制作	2	76	合格
21	郭亮	06级	商务英语	flash动画设计与制作	2	65	合格
22	黄东	06级	商务英语	flash动画设计与制作	2	89	合格

图 4-50　学生公共选修课程表

（1）在【是否及格】列，用鼠标单击带黑色三角形的按钮，在下拉菜单中选择【合格】选项即可。

（2）在【分数】列，用鼠标单击带黑色三角形的按钮，在下拉菜单中选择【降序】选项即可。

（3）先对【年级】列进行降序排序，再对【课程】列筛选出网页设计与制作课程，最后，执行【数据】→【分类汇总】菜单命令，在弹出的对话框中以【年级】为分类字段，【平均值】为汇总方式，【分数】为汇总项即可。

4.5.1　数据的排序

1．单列数据的排序

对单列数据排序的操作步骤如下：

（1）将光标放在工作表区域中需要排序的任意单元格中。

（2）单击“常用”工具栏上的【升序】按钮或【降序】按钮，数据清单中的记录就会按要求重新排列，如图 4-51 所示。

	A	B	C	D	E	F
1	学号	姓名	英语	数学	计算机	
2	001	张三	86	75	92	
3	003	王五	75	85	90	
4	002	李四	84	91	89	
5	004	赵六	83	80	88	
6						
7						
8						

图 4-51　单列数据的排序

2．多列数据的组合排序

多列数据组合排序的操作步骤如下：

（1）单击数据清单中的任意单元格。

（2）执行【数据】→【排序】菜单命令，Excel 会自动选择整个记录区域，弹出【排序】对话框，如图 4-52 所示。

（3）在对话框中选择三级排序关键字，并设置排序方式，最后单击【确定】按钮完成排序。单击【选项】按钮，可以设置字符型数据排序的规则，弹出【排序选项】对话框，如图 4-53 所示。

图 4-52　【排序】对话框

图 4-53　【排序选项】对话框

4.5.2　数据的筛选

数据筛选的含义是只显示符合条件的记录，隐藏不符合条件的记录。数据筛选的具体操作步骤如下：

（1）选中数据清单中含有数据的任意单元格。

（2）执行【数据】→【筛选】→【自动筛选】菜单命令，这时工作表标题行上会出现下三角按钮，即自动筛选过滤器，如图 4-54 所示。

（3）单击某数据列的下三角按钮，设置筛选条件。

这时，Excel 就会根据设置的筛选条件，隐藏不满足条件的记录。如果对所列记录还有其他筛选要求，则可以继续筛选。

在设置筛选条件时，可以选择【自定义】选项，在弹出的对话框中设置复杂的条件，如图 4-55 所示。

图 4-54　自动筛选过滤器

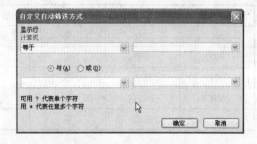

图 4-55　【自定义自动筛选方式】对话框

4.5.3　分类汇总

分类汇总的含义是首先对记录按照某一字段的内容进行分类，然后计算每一类记录指定字段的汇总值，如总和、平均值等。在进行分类汇总前，应先对数据清单进行排序，数据清单的第一行必须有字段名。分类汇总的具体操作步骤如下：

（1）对数据清单中的记录按需要分类汇总的字段进行排序。

（2）单击数据清单中含有数据的任意单元格。

（3）执行【数据】→【分类汇总】菜单命令，弹出【分类汇总】对话框，如图 4-56 所示。

图 4-56 【分类汇总】对话框

（4）在【分类字段】下拉列表中选择进行分类的字段名（所选字段必须与排序字段相同）。

（5）在【汇总方式】下拉列表中选择用于进行分类汇总的方式。

（6）在【选定汇总项】列表框中选择要进行汇总的数值字段（可以是一个或多个）。

（7）单击【确定】按钮，完成汇总操作。

4.5.4 数据透视表

数据透视表是一种交互式的表格，可以进行某些计算，如求和、计数等。所进行的计算与数据在数据透视表中的排列有关。如果想知道各班男女生各门功课的平均分，利用多重分类汇总可以实现，但是比较麻烦，而利用数据透视表即可轻松实现。这里通过对学生成绩表（见表 4-6）的操作来介绍数据透视表的创建过程。

表 4-6 学生成绩表

班 级	姓 名	性 别	数 学	英 语	语 文	总 分
001	王伟	男	78	94	85	257
002	李蕾	女	80	73	76	229
003	张云	男	89	62	73	224
004	王晓燕	女	85	71	68	224
005	韩磊	男	93	86	88	267

（1）单击数据源中的单元格，然后执行【数据】→【数据透视表和数据透视图】菜单命令。

（2）弹出【数据透视表和数据透视图向导--3 步骤之 1】对话框，如图 4-57 所示，可设置数据源类型及报表类型，然后单击【下一步】按钮。

（3）弹出如图 4-58 所示的对话框，设定数据源区域，单击【下一步】按钮。

（4）在弹出的对话框中设置数据透视表的显示位置、布局和选项。单击【布局】按钮，弹出如图 4-59 所示的对话框。

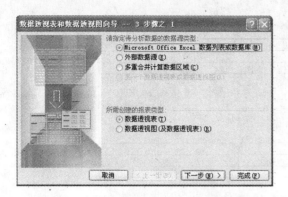

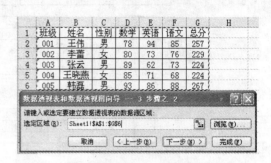

图 4-57 【数据透视表和数据透视图向导
--3 步骤之 1】对话框

图 4-58 【数据透视表和数据透视图向导
--3 步骤之 2】对话框

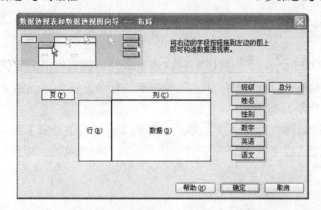

图 4-59 【数据透视表和数据透视图向导--布局】对话框

（5）拖动"性别"到行区，"班级"到列区，"数学"、"英语"和"语文"到数据区，此时数据区会有【求和项：数学】、【求和项：英语】和【求和项：语文】3 个按钮，这是因为默认的汇总方式是求和。双击此按钮，在弹出的对话框中更改汇总方式，这里将其改为"平均值"，如图 4-60 所示。单击【确定】按钮，最后单击【完成】按钮，即可在新建工作表中创建数据透视表，如图 4-61 所示。

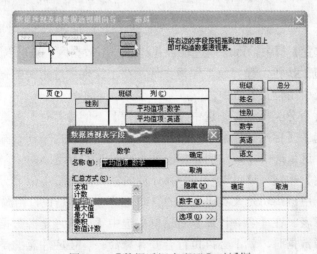

图 4-60 【数据透视表字段】对话框

	A	B	C	D	E	F	G	H
1					请将页字段拖至此处			
2								
3			班级 ▼					
4	性别 ▼	数据 ▼	001	002	003	004	005	总计
5	男	平均值项:数学	78		89		93	86.66666667
6		平均值项:英语	94		62		86	80.66666667
7		平均值项:语文	85		73		88	82
8	女	平均值项:数学		80		85		82.5
9		平均值项:英语		73		71		72
10		平均值项:语文		76		68		72
11	平均值项:数学汇总		78	80	89	85	93	85
12	平均值项:英语汇总		94	73	62	71	86	77.2
13	平均值项:语文汇总		85	76	73	68	88	78
14								

图 4-61　数据透视表

4.5.5　合并计算

范例表格如图 4-62 所示，下面就以汇总这两个分公司的销售报表实例来说明合并计算的操作过程。在本例中将对工作簿济南.xls、南京.xls 进行合并操作，其结果保存在工作簿总公司.xls 中，其具体操作步骤如下：

（1）为合并计算的数据选定目的区。执行【数据】→【合并计算】菜单命令，弹出【合并计算】对话框，在【函数】框中选定用来合并计算数据的汇总函数，求和函数是默认的函数。

	A	B	C	D
1	济南分公司			
2		一月	二月	三月
3	华邦POS	20	29	19
4	华邦进销存	29	11	19
5	华邦决策指示系统	27	24	29
6	代销软件	29	10	29

	A	B	C	D
1	南京分公司			
2		一月	二月	三月
3	华邦POS	22	29	23
4	华邦进销存	24	25	23
5	华邦决策指示系统	21	25	25
6	代销软件	25	28	25

图 4-62　范例表格

（2）在【引用位置】框中输入希望进行合并计算的源数据区，也可以先选定【引用位置】框，然后单击【浏览】按钮，选择该工作簿文件，在工作表中选定源数据区域，该区域的单元格引用将出现在【引用位置】框中。

如果源区域顶行有分类标记，则选中【标题位置】下的【首行】复选框；如果源区域左列有分类标记，则选中【标题位置】下的【最左列】复选框。在一次合并计算中，可以同时选中这两个复选框，这里选中【最左列】复选框，如图 4-63 所示。

（3）单击【确定】按钮，就可以看到合并计算的结果，如图 4-64 所示。

此外，还可以利用链接功能来实现表格的自动更新。也就是说，当源数据改变时，Excel会自动更新合并计算表。在【合并计算】对话框中选中【创建连至源数据的链接】复选框，这样，当每次更新源数据时，就不必再执行合并计算命令。还应注意的是，当源区域和目标区域在同一张工作表时，是不能够建立链接的。

	A	B	C	D
1	总公司			
2		一月	二月	三月
3	华邦POS	42	58	42
4	华邦进销存	53	36	42
5	华邦决策指示系统	48	49	54
6	代销软件	54	38	54

图 4-63　【合并计算】对话框　　　　　　图 4-64　合并计算的结果

实战任务

（1）对学生成绩表中的数学成绩按由高到低的顺序进行排序，当数学成绩相同时，按英语成绩由高到低排序。

（2）利用自动筛选功能筛选出英语成绩在 80 分以上的同学，并将筛选结果设置为红色。

实训一　学生成绩表的制作

【任务与问题】

通过学习，我们已经基本掌握了 Excel 工作表的建立与编辑，那么，怎样才能编辑出一张美观大方的工作表呢？让我们亲自动手试一试。

【分析与讨论】

用计算机管理学生成绩的目的不外乎是计算总分、平均分和单科平均分，以及查询、统计、排名次等。以前我们总是习惯于编写程序来处理这些问题，其实，用 Excel 直接就可以完成上述操作，而且非常简单。

【操作步骤】

（1）打开 Excel 2003，熟悉窗口界面的组成元素。

（2）建立学生成绩表，如图 4-65 所示。

（3）在 A1 单元格中输入表格标题，设置表格标题格式，字体为隶书，字号为三号，字体颜色为蓝色，底纹为玫瑰红，A1～I1 单元格合并居中。

（4）输入学生姓名、课程、分数等原始数据。

（5）将表格中的所有单元格内容中部居中，设置行高为 20。

（6）设置表格的表头格式，字体为宋体，字号为四号，字体颜色为粉红，底纹为浅绿。

	A	B	C	D	E	F	G	H	I	J
1					学生成绩表					
2	名次	姓名	数学	物理	化学	英语	语文	平均分	总分	
3		姚星	96	65	96	65	76			
4		李中华	85	89	75	76	85			
5		王文	52	78	52	78	86			
6		张新	84	82	84	82	82			
7		张宁	95	91	95	84	82			
8		刘海	76	85	76	85	84			
9		单科平均								
10										

图 4-65　学生成绩表

（7）A2～I2 单元格设置浅青绿底纹。

（8）对表格进行求和，计算学生的总成绩、平均成绩。

（9）计算每门课程的平均成绩（要求使用函数操作）。

（10）对学生成绩按照总分进行排序。

（11）使用自动筛选命令进行查询操作。

（12）将文件保存，命名为“Excel.练习 1”，最终效果如图 4-66 所示。

	A	B	C	D	E	F	G	H	I	J
1					学生成绩表					
2	名次	姓名	数学	物理	化学	英语	语文	平均分	总分	
3	1	张宁	95	91	95	84	82	89.4	447	
4	2	张新	84	82	84	82	82	82.8	414	
5	3	李中华	85	89	75	76	85	82	410	
6	4	刘海	76	85	76	85	84	81.2	406	
7	5	姚星	96	65	96	65	76	79.6	398	
8	6	王文	52	78	52	78	86	69.2	346	
9	7	单科平均	81.3	81.7	79.7	78.3	82.5			
10										

图 4-66　最终效果

实训二　用 Excel 制作自动评分计算表

【任务与问题】

通过学习，我们已经基本掌握了 Excel 中公式与函数的应用，那么，我们就使用 Excel 制作一份自动评分计算表。

【分析与讨论】

现在单位里经常开展各种各样的知识竞赛，我们可以用 Excel 制作一个方便实用的自动评分计算表，可以快速自动完成成绩的统计和名次的计算。

【实例说明】

Excel 自动评分计算表功能：参加比赛的选手为 20 人，评委 9 人，去掉 1 个最高分和 1 个最低分后求出平均分，然后根据平均分的高低排列选手的名次。

【操作步骤】

1. 评委评分表的制作

（1）启动 Excel 2003，新建一个空白工作簿。

（2）在 Sheet1 工作表中，制作评委评分表，如图 4-67 所示。

（3）执行【文件】→【保存】菜单命令（或按 "Ctrl+S" 组合键），打开【另存为】对话框，如图 4-68 所示。

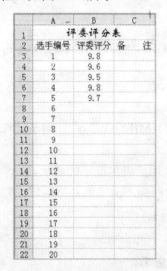

图 4-67　评委评分表

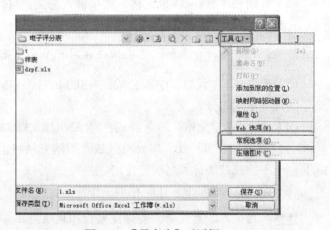

图 4-68　【另存为】对话框

（4）单击【工具】按钮，在弹出的下拉列表中选择【常规选项】，打开【保存选项】对话框，如图 4-69 所示，设置好打开权限密码后，单击【确定】按钮。

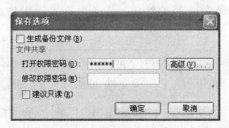

图 4-69　【保存选项】对话框

注意：（1）密码需要重新确认输入一次。

（2）此处只需要设置打开权限密码，如果设置了修改权限密码，则评委在保存评分时，必须提供密码，反而会造成不必要的麻烦。

（5）然后命名（如 1.xls）保存。

（6）执行【文件】→【另存为】菜单命令，再次打开【另存为】对话框，然后重新设置一个密码后，另取一个名称（如 2.xls）进行保存。

（7）重复步骤（6）的操作，按照评委数目，制作好多份工作表（此处为 9 份）。

2．汇总表的制作

（1）新建一个工作簿，制作汇总表，如图 4-70 所示。

	A	B	C	D	E	F	G	H	I	J	K	L
1					某某比赛评分表							
2	编号	评委1	评委2	评委3	评委4	评委5	评委6	评委7	评委8	评委9	得分	名次
3	1											
4	2											
5	3											
6	4											
7	5											
8	6											

图 4-70　汇总表

（2）分别选中 B3～J3 单元格，依次输入公式：=[1.xls]Sheet1!B3、=[2.xls]Sheet1!B3……=[3.xls]Sheet1!B3，用于调用各评委为第一位选手的评分。

注意：将评委评分表和汇总表保存在同一个文件夹内。

（3）选中 K3 单元格，输入公式：=(SUM(B3:J3)–MAX(B3:J3)–MIN(B3:J3))/7，用于计算选手的最后平均得分。

（4）选中 L3 单元格，输入公式：=RANK(K3,\$K\$3:\$K\$22)，用于确定选手的名次。

（5）同时选中 B3～L3 单元格区域，用填充柄将上述公式复制到下面的单元格区域，完成其他选手的成绩统计和名次的排定。

（6）命名（如 hz.xls）并保存该工作簿。

注意：在保存汇总表时，最好设置打开权限密码和修改权限密码。

3．电子评分表的使用

（1）将上述工作簿文件放在局域网上某台计算机的一个共享文件夹中，供各位评委调用。

注意：当移动整个工作簿所在的文件夹时，系统会自动调整公式相应的路径，不影响表格的正常使用。

（2）比赛开始前，将工作簿名称和对应的打开权限密码分别告知不同的评委，然后通过局域网，让每位评委打开各自相应的工作簿文档。

注意：评委在打开文件时，系统会弹出如图 4-71 所示的对话框，输入打开权限密码，单击【确定】按钮即可。

（3）某位选手比赛完成后，评委将其成绩输入相应的单元格中，并要求评委执行保存操作。

图 4-71　【密码】对话框

注意：每次要求评委评分后执行一次保存操作，其目的是为了防止出现意外情况而造成数据丢失。

（4）整个比赛结束后，主持人只要打开 hz.xls 工作簿，即可公布比赛结果，如 4-72 所示。

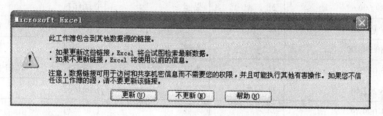

	A	B	C	D	E	F	G	H	I	J	K	L
1				某某比赛评分表								
2	编号	评委1	评委2	评委3	评委4	评委5	评委6	评委7	评委8	评委9	得分	名次
3	1	9.8	9.8	9.8	9.8	9.8	9.8	9.8	9.8	9.8	9.80	1
4	2	9.6	9.6	9.6	9.6	9.6	9.6	9.6	9.6	9.6	9.60	4
5	3	9.5	9.5	9.5	9.5	9.5	9.5	9.5	9.5	9.5	9.50	5
6	4	9.8	9.8	9.8	9.8	9.8	9.8	9.8	9.8	9.8	9.80	
7	5	9.7	9.7	9.7	9.7	9.7	9.7	9.7	9.7	9.7	9.70	

图 4-72　比赛结果

注意：主持人在打开 hz.xls 工作簿时，系统会弹出如图 4-73 所示的对话框，单击【更新】按钮即可。

图 4-73　提示更新工作簿

实训三　对某小流域部分地类分类表进行数据管理与分析

【任务与问题】

通过学习，我们已经基本掌握了 Excel 工作表的数据管理与分析，那么，怎样才能熟练地运用所学知识呢？让我们亲自动手试一试。

【分析与讨论】

用 Excel 管理和分析工作表的目的不外乎是排序、分类汇总、筛选、创建数据透视表和数据透视图等。以前我们总是习惯于人工处理这些问题，其实，用 Excel 直接就可以完成上述操作，而且非常简单。

【实例说明】

某小流域部分地类分类表如表 4-7 所示。

表 4-7　某小流域部分地类分类表

序　号	面积（hm²）	地 类 码	地　　类	权 属 名 称	乡 镇 名 称
A022	2 411.36	81	荒草地	岩头村	盈口乡
A001	6 526.33	11	水田	凤坪村	盈口乡
A015	16 050.62	32	灌木林地	方石坪村	盈口乡
A017	15 263.41	52	非生产用地	板坡村	盈口乡
A002	251 807.78	11	水田	白岩村	盈口乡
A011	2 187.21	31	有林地	新家庄村	盈口乡
A018	1 217.68	74	水域	潭口村	盈口乡
A003	3 099.00	11	水田	新垦村	盈口乡
A007	2 263.15	14	旱地	炉天冲村	盈口乡
A004	1 149.74	11	水田	朱溪村	盈口乡
A010	39 600.68	21	果园	团结村	盈口乡
A016	9 192.75	32	灌木林地	禾塘村	杨村乡
A005	30 948.90	11	水田	水垄村	杨村乡
A006	3 067.79	11	水田	趴坡村	杨村乡
A012	8 212.46	31	有林地	新街村	石门乡
A019	1 099.49	74	水域	塘底村	石门乡
A023	636.09	51A	非生产用地	犁头园村	石门乡
A020	2 946.35	74	水域	岩添村	石门乡
A013	6 720.55	31	有林地	大桥村	石门乡
A021	1 734.41	74	水域	双村村	石门乡
A014	2 199.04	31	有林地	山下村	石门乡
A008	1 615.30	15	旱地	清水井村	石门乡
A009	6 183.09	15	旱地	板山村	石门乡

（1）以地类为主要关键字，对该表进行降序排列。

（2）对该表格进行分类汇总，如图 4-74 所示。

	A	B	C	D	E	F
1	某小流域部分地类分类表					
2	序号	面积（公顷）	地类码	地类	权属名称	乡镇名称
5		15899.50		非生产用地 汇总		
8		25243.37		灌木林地 汇总		
10		39600.68		果园 汇总		
14		10061.54		旱地 汇总		
16		2411.36		荒草地 汇总		
23		296599.54		水田 汇总		
28		6997.93		水域 汇总		
33		19319.26		有林地 汇总		
34		416133.19		总计		

图 4-74　分类汇总

（3）对该表进行数据筛选，使得【乡镇名称】列只显示石门乡数据。

（4）依据该表数据制作一张数据透视表，如图 4-75 所示。以"乡镇名称"为页，"权属名称"为行，"地类"为列，"求和项：面积（公顷）"为数据区。

权属名称	非生产用地	灌木林地	果园	旱地	荒草地	水田	水域	有林地	总计
乡镇名称	(全部) ▼								
求和项:面积(公顷)	地类 ▼								
白岩村						251807.78			251807.78
板坡村	15263.41								15263.41
板山村				6183.09					6183.09
大桥村								6720.55	6720.55
方石坪村		16050.62							16050.62
凤坪村						6526.33			6526.33
禾塘村		9192.75							9192.75
犁头园村	636.09								636.09
炉天冲村				2263.15					2263.15
趴坡村						3067.79			3067.79
清水井村				1615.30					1615.30
山下村								2199.04	2199.04
双村村							1734.41		1734.41
水莶村						30948.90			30948.90
潭口村							1217.68		1217.68
塘底村							1099.49		1099.49
团结村			39600.68						39600.68
新家庄村								2187.21	2187.21
新街村								8212.46	8212.46
新垦村						3099.00			3099.00
岩添村							2946.35		2946.35
岩头村					2411.36				2411.36
朱溪村						1149.74			1149.74
总计	15899.50	25243.37	39600.68	10061.54	2411.36	296599.54	6997.93	19319.26	416133.19

图 4-75　数据透视表

（5）创建一个三维簇状柱形图，如图 4-76 所示。

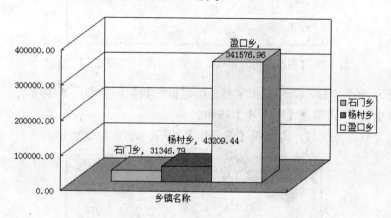

图 4-76　三维簇状柱形图

【操作步骤】

（1）打开 Excel 2003，选中数据区域 A2:F25。

（2）执行【数据】→【排序】菜单命令，弹出【排序】对话框，进行设置，如图 4-77 所示。

（3）选中数据区域 A2:F25，执行【数据】→【分类汇总】菜单命令，弹出【分类汇总】对话框，进行设置，如图 4-78 所示。

（4）选中数据区域 A2:F25，执行【数据】→【数据透视表和数据透视图】菜单命令，弹出【数据透视表和数据透视图向导--3 步骤之 1】对话框，如图 4-79 所示。

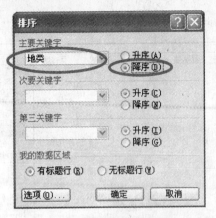

图 4-77 【排序】对话框

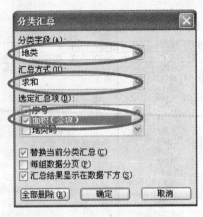

图 4-78 【分类汇总】对话框

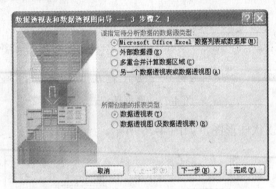

图 4-79 【数据透视表和数据透视图向导--3 步骤之 1】对话框

本向导分为 3 个步骤,第一步指定待分析数据的数据源类型,其中所需创建的报表类型选择【数据透视表】,再单击【下一步】按钮。

第二步指定数据源区域,再单击【下一步】按钮,如图 4-80 所示。

图 4-80 【数据透视表和数据透视图向导—3 步骤之 2】对话框

第三步,先指定数据透视表的显示位置,如图 4-81 所示。

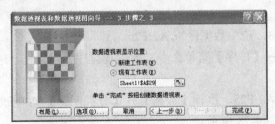

图 4-81 【数据透视表和数据透视图向导--3 步骤之 3】对话框

再单击【布局】按钮进入布局设置,以"乡镇名称"为页,"权属名称"为行,"地类"为列,"求和项:面积(公顷)"为数据区,如图 4-82 所示。

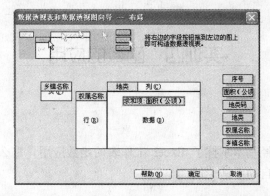

图 4-82 【数据透视表和数据透视图向导--布局】对话框

完成上述设置后，单击【确定】按钮，最后单击【完成】按钮即可。

（5）分析图表样文可知，要生成该图表需要先计算出石门乡、杨村乡和盈口乡的总面积，然后按如下步骤进行操作：

第一步，执行【插入】→【图表】菜单命令，选择三维簇状柱形图。

第二步，如图 4-83 所示，添加 3 个系列并添加其相关的名称和数值，添加完成后如图 4-84 所示。

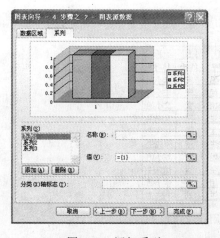

图 4-83 添加系列

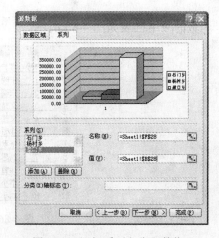

图 4-84 添加系列名称和数值

第三步，单击【下一步】按钮，按如图 4-85 所示进行操作。

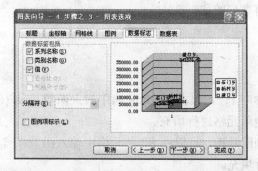

图 4-85 【图表向导-4 步骤之 3-图表选项】对话框

第四步，单击【完成】按钮即可。

实训四 函数的应用

【任务与问题】

通过学习，我们已经基本掌握了 Excel 工作表的函数应用，那么，怎样才能熟练地运用所学知识呢？让我们亲自动手试一试。

【分析与讨论】

用 Excel 中的函数来处理数据的目的不外乎是函数的调用。以前我们总是习惯于人工处理这些问题，其实，用 Excel 直接就可以完成上述操作，而且非常简单。

【实例说明】

函数的应用样表如图 4-86 所示。

	A	B	C	D	E	F
1	客户号	客户姓名	性别	称呼1	姓氏	称呼2
2	1	宋晓	女	小姐	宋	宋小姐
3	2	宋晓兰	女	小姐	宋	宋小姐
4	3	文楚媛	女	小姐	文	文小姐
5	4	文楚兵	男	先生	文	文先生
6	5	徐哲平	男	先生	徐	徐先生
7	6	张默	男	先生	张	张先生
8	7	刘思琪	女	小姐	刘	刘小姐
9	8	徐哲平	男	先生	徐	徐先生
10	9	李小凤	女	小姐	李	李小姐
11	10	刘小华	男	先生	刘	刘先生

图 4-86 函数的应用样表

（1）用函数求出所有客户的称呼 1；
（2）用函数求出所有客户的姓氏；
（3）用函数求出所有客户的称呼 2。

【操作步骤】

（1）根据性别判断称呼 1，可以在 D2 单元格中输入函数：=IF(C2="男","先生","女士")，再使用自动填充，对其他单元格进行填充。

（2）根据客户姓名判断姓氏，可以在 E2 单元格中输入函数：=LEFT(B2, 1)，再使用自动填充，对其他单元格进行填充。

（3）根据 D 列和 E 列的结果，合并出 F 列的称呼 2，可以在 F2 中输入函数：=CONCATENATE(E2, D2)，再使用自动填充，对其他单元格进行填充。

综 合 练 习

各商品进价售价明细表

商品名称	单位	进价	售价
水晶	颗	1 050	1 350
红宝石	颗	2 030	2 400
蓝宝石	颗	2 850	3 200
钻石	颗	3 100	3 680
珍珠	粒	2 550	2 800

图 4-87　各商品进价售价明细表

图 4-88　员工销售记录表

（1）在 Excel 中输入如图 4-87 所示的各商品进价售价明细表和如图 4-88 所示的员工销售记录表。

（2）通过 VLOOKUP 函数来从各商品进价售价明细表中填充员工销售记录表的单位、进价和售价列。

（3）通过公式来计算销售额（销售量*售价）、毛利润（销售量*（售价–进价））、毛利率

（毛利润/销售额）。

（4）通过 IF 函数来计算基本工资（员工编号 50105 以前的基本工资为 1 200 元，否则为 800 元）、提成工资（为销售额的 5%）、总工资。

（5）设置单元格格式：单位、进价、售价、销售额、毛利润、基本工资、提成工资、总工资为货币类型，毛利率为百分比类型，所有数据统一保留两位小数点。

（6）设置边框和底纹：为员工销售记录表设置外粗内细边框，设置员工销售记录表第一行的底纹为浅红色。

（7）依据员工销售记录表，在员工创收效益排名表中统计职员姓名、总销售额，将结果分别从 C25 与 D25 单元格开始放置，并且通过排名函数将排名结果从 E25 单元格开始放置。

（8）以员工创收效益比较表为图表名称，以员工姓名为行，以总销售额为列建立簇状柱形图，用以直观地比较员工为公司创造的效益。

第 5 章

PowerPoint 2003 演示文稿

5.1 演示文稿的基础知识

案例分析

在计算机应用课程上机的多种考试中，通常会碰到如下类似的问题：

图 5-1

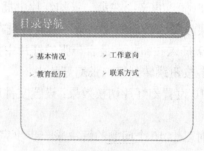

图 5-2

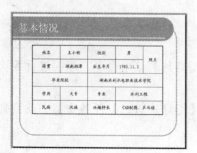

图 5-3

图 5-4

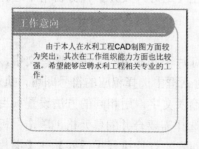

图 5-5

图 5-6

问题 1 插入新幻灯片：打开 PowerPoint 2003 软件，插入如图 5-1~5-6 所示的 6 张新幻灯片。

问题 2 幻灯片版式设置：将第一张幻灯片版式设置为标题幻灯片，其余幻灯片版式都设置为标题和文本版式。

问题 3 幻灯片应用模板：使用模板修饰全文。

问题 4 幻灯片内容编辑：在 6 张幻灯片中分别输入如图所示的文字，其中，第二张幻灯片设置如图 5-2 所示的项目符号，第三张幻灯片插入并且编辑如图 5-3 所示的表格，第四张幻灯片编辑如图 5-4 所示的图文混排（图片在教材素材库中）。

问题 5 设置背景：在第四张幻灯片中设置如图 5-4 所示的背景，即预设雨后初晴效果。

问题 6 设置动画效果：将第三张幻灯片的表格内容设置为进入向内溶解的效果，设置第四张幻灯片的图片动画效果为单击向下快速棋盘式效果、文本从上至下都设置为快速从底部向上飞入的效果，动画播放方式为自动播放，并且设置第四张幻灯片动画播放的顺序为图片动画在前文字动画在后。

问题 7 设置超级链接：在第二张幻灯片的文字中插入相应的超级链接，效果为单击文字链接到相对应的幻灯片中。

问题 8 插入声音：在第一张幻灯片中插入声音，声音文件为教材素材库中的 jieshu.mp3 文件，效果设置为自动播放、循环播放并且在播放时隐藏图标。

问题 9 插入按钮：在最后一张幻灯片中插入如图 5-6 所示的【返回】按钮，并且设置单击【返回】按钮跳转到第二张幻灯片中。

问题 10 设置幻灯片切换效果：设置文件所有的幻灯片切换效果为单击鼠标为快速横向棋盘式效果。

通过对以上 10 个问题的解决来一步步完成个人求职简历演示文稿的制作，同时掌握演示文稿的基本操作。

案例实现

问题 1 的实现：

打开 PowerPoint 软件，执行【插入】→【新幻灯片】菜单命令，连续进行 5 次操作。

问题 2 的实现：

执行【格式】→【灯片版式】菜单命令，在【幻灯片版式】任务窗格中就会列出版式的类型，选择并应用类型即可。

问题 3 的实现：

执行【格式】→【幻灯片设计】菜单命令，在【幻灯片设计】任务窗格中选择所要设置的模板并应用所有幻灯片。

问题 4 的实现：

第一张幻灯片中输入相应的文字；第二张幻灯片输入左边的文字，选择文字，执行【格式】→【项目符号和编号】菜单命令，在弹出的对话框中选择相应的符号即可，执行【插入】→【文本框】菜单命令，将文本框放置于右边，输入文字，用相同的方法设置项目符号与编号；第三张幻灯片中插入 5 行 5 列的表格，然后选择需要合并的单元格，单击鼠标右键，在弹出的快捷菜单中选择【合并单元格】选项；第四张幻灯片执行【插入】→【图片】→【来自文件】菜单命令，插入 3 个文本框，调节图片和文本框适当的位置和大小；第五张和第六张幻灯片在文本框输入相应的文字即可。

问题 5 的实现：

在幻灯片空白处单击鼠标右键，在弹出的快捷菜单中选择【背景】选项，在【背景填充】下拉菜单中选择【填充效果】选项，弹出【填充效果】对话框，选择【渐变】选项卡，选择预设，雨后初晴效果。

问题 6 的实现：

选择对象，执行【幻灯片放映】→【自定义动画】菜单命令，在【自定义动画】任务窗格中添加效果。

问题 7 的实现：

选择文字，执行【插入】→【超链接】菜单命令，在弹出的对话框中选择本文档中的位置，再选择相对应的幻灯片。

问题 8 的实现：

执行【插入】→【影片和声音】→【文件中的声音】菜单命令，如果有循环播放应该右击声音图标，在弹出的快捷菜单中选择【编辑声音对象】选项，选择循环播放。

问题 9 的实现：

执行【幻灯片放映】→【动作按钮】→【动作按钮：上一张】菜单命令，在幻灯片中绘制出按钮，在弹出的【动作设置】对话框中选择超级链接到幻灯片，在弹出的对话框中选择【本文档中的位置】，再选择相对应的幻灯片。

问题 10 的实现：

执行【幻灯片放映】→【幻灯片切换】菜单命令，选择所需要的切换效果，单击【应用于所有幻灯片】按钮。

5.1.1　PowerPoint 的基本知识

1. PowerPoint 的功能

作为一种最常用的演示文稿制作软件，PowerPoint 主要用于创建以下类型的演示文稿。

（1）电子演示文稿。使用 PowerPoint 创建的文件称为电子演示文稿，扩展名为.ppt。一个电子演示文稿是由若干张电子幻灯片组成的，其中可以包含文本、图表、图形、剪贴画、影片、声音及其他多媒体信息。制作的电子演示文稿可以在屏幕上演示，也可以用打印机打印出来。

（2）投影幻灯片。可以将电子幻灯片打印在透明胶片上，制作成可在幻灯机上放映的幻灯片。

（3）35mm 幻灯片。电子幻灯片还可用专门设备转换成 35mm 的幻灯片，用于大型会议等场合的演示放映。

（4）备注、讲义和大纲。可以将幻灯片、演讲者备注或包括标题和重点的文件大纲打印出来进行分发，在放映演示文稿时，观众既可以观看屏幕演示，也可以阅读文字材料。

（5）Web 演示文稿。可以为 Internet 设计演示文稿，将网页格式的演示文稿副本放置到

Internet 上，使用 Web 浏览器作为演示工具，可用于视频会议、远程教学、电子商务等。

2．PowerPoint 的启动、退出

启动 PowerPoint 的方法很多，常用的方法有以下 3 种。

（1）从【开始】菜单启动。执行【开始】→【所有程序】→【Microsoft Office】→【Microsoft PowerPoint 2003】菜单命令。

（2）桌面快捷方式启动。双击桌面上 PowerPoint 的快捷图标。

（3）通过已创建的演示文稿关联启动。双击某演示文稿的文件名，即可启动 PowerPoint，同时打开该演示文稿。

退出 PowerPoint 的方法与 Office 2003 的其他组件一样，这里不再赘述。

3．PowerPoint 2003 的窗口界面

当启动 PowerPoint 2003 后，默认打开空演示文稿，进入 PowerPoint 主窗口，如图 5-7 所示，和其他微软的产品一样，主窗口属于典型的 Windows 应用程序窗口。

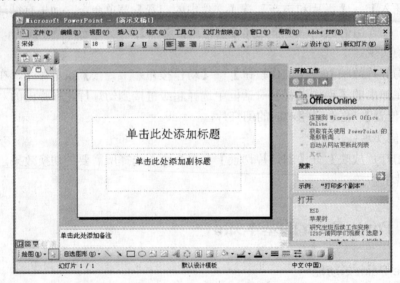

图 5-7　PowerPoint 主窗口

主窗口除了具有与 Office 其他组件相似的菜单栏、状态栏和各种工具栏外，工作区部分由 4 部分组成，分别为大纲展示区（大纲窗格）、幻灯片编辑区（编辑窗格）、任务选择区（任务窗格）和备注编辑区（备注窗格）。

- **大纲展示区**：用于显示幻灯片缩略图。
- **幻灯片编辑区**：用于显示或编辑打开的演示文稿。
- **任务选择区**：用于快速创建演示文稿的各种任务。
- **备注编辑区**：用于编辑幻灯片的文本注释。

4．幻灯片的操作

（1）新建演示文稿。启动 PowerPoint 2003 后，在右边的【新建演示文稿】任务窗格中，选择【新建】列表中的【空演示文稿】选项，弹出【幻灯片版式】任务窗格，选择要应用到新幻灯片的版式。如果不明白其中的版式，将鼠标指针在其上停留片刻，就会出现提示文字，

选择一种版式，双击就可以应用到新幻灯片上。

（2）插入新幻灯片。当一张幻灯片编辑完成后，执行【插入】→【新幻灯片】菜单命令或单击工具栏中的【新幻灯片】按钮，选择一种版式，即可插入下一张幻灯片，依次插入多张幻灯片，形成一个完整的演示文稿。

（3）改变幻灯片顺序。要改变幻灯片的顺序，最好在幻灯片浏览视图或大纲视图中进行。幻灯片浏览视图给出了演示文稿中每张幻灯片的概况，要重新确定一张幻灯片的位置，只需单击选定幻灯片，然后将其拖动到新位置即可。在大纲视图中，拖动幻灯片标题前的图标到新的位置即可。也可以结合使用"Shift"键或"Ctrl"键，同时选择多张幻灯片并改变其位置。

（4）复制幻灯片。要复制一张或多张幻灯片，只需选定幻灯片，使用菜单、工具栏或快捷键方式将其复制到剪贴板中，并在另一位置使用粘贴命令即可。

（5）删除幻灯片。要删除一张或多张幻灯片，只需选定幻灯片，然后执行【编辑】→【清除】菜单命令或直接按"Delete"键即可。

5.1.2　幻灯片的浏览方式

在 PowerPoint 中，视图是从不同角度观看演示文稿的方法。PowerPoint 2003 提供了普通视图、幻灯片浏览视图和幻灯片放映视图。在普通视图中，以标签的形式包括了大纲视图、幻灯片视图等，在大纲窗格中有切换选项卡。

1．普通视图

大纲视图和幻灯片缩略图以不同选项卡的形式集成于普通视图中，只需选择普通视图中的相应选项卡，用户就可以切换显示演示文稿的大纲视图和幻灯片缩略图，而不影响幻灯片的显示效果。在普通视图中，还集成了备注窗格，备注窗格使得用户可以添加与观众共享的演说者备注或信息。

2．大纲视图

使用大纲窗格可组织和开发演示文稿中的内容，可以输入演示文稿中的所有文本，然后重新排列项目符号、段落和幻灯片在大纲视图中的位置。在该视图中，按照序号由小到大的顺序和幻灯片内容层次的关系，显示文稿中全部幻灯片的编号、标题和主体中的文本，不显示图形和色彩，所以可以集中精力输入文本或编辑文稿中已有的文本，如图 5-8 所示。

3．幻灯片视图

在幻灯片视图中，可以查看每张幻灯片中的文本外观，可以在单张幻灯片中添加图形、影片和声音，并创建超级链接，以及向其中添加动画，按照序号由大到小的顺序显示所有文稿中全部幻灯片的缩小图像，如图 5-9 所示。

4．浏览视图

在浏览视图中，可以在屏幕上同时看到演示文稿中的所有幻灯片，这些幻灯片是以缩略图的形式显示的。这样，就可以很容易地在幻灯片之间添加、删除、移动幻灯片及选择动画切换，还可以预览多张幻灯片中的动画。

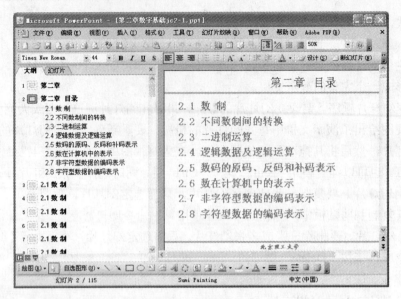

图 5-8　大纲视图

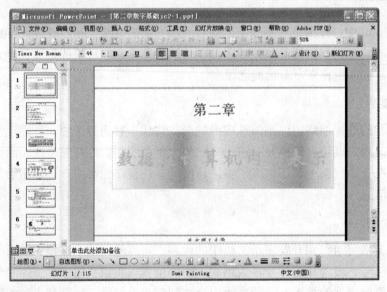

图 5-9　幻灯片视图

5. 放映视图

幻灯片放映视图以全屏幕形式显示幻灯片，用于将完成的演示文稿进行屏幕预演及正式演示。执行【视图】→【幻灯片放映】菜单命令，将从当前幻灯片开始逐张播放，单击鼠标左键可以切换到下一张，直至最后。

在放映幻灯片时，可以在幻灯片的任意位置单击鼠标右键，通过快捷菜单来控制放映过程。若希望结束放映，则可以按"Esc"键或从右键快捷菜单中选择【结束放映】选项。

实战任务

启动 PowerPoint 应用程序，查看窗口的组成，并练习在各种视图间进行切换。

5.1.3　幻灯片的版式设计与模板设计

1．版式设计

在创建新演示文稿的过程中，通常需要对幻灯片进行版式的选择。在【幻灯片版式】任务窗格中，选择【应用幻灯片版式】列表中的版式，如图 5-10 所示。

PowerPoint 2003 中提供了 4 类版式视图，即文字版式、内容版式、文字和内容版式、其他版式，分别应用在不同的场合。

图 5-10　【幻灯片版式】任务窗格

在幻灯片的编辑过程中，可以根据需要改变幻灯片的版式，其基本本操作步骤如下：

（1）打开要更改版式的幻灯片。

（2）在【幻灯片版式】任务窗格中，选择【应用幻灯片版式】列表中的列表版式，选择的版式就会在编辑区显示出来，用户可以根据显示效果，随意更换版式。

（3）如果对所选的版式满意，则所选版式会自动应用到当前幻灯片中。

实战任务

（1）更改案例演示文稿中幻灯片的背景。

（2）依据幻灯片内容，为每张幻灯片设置不同的版式。

2．模板设计

模板是控制演示文稿统一外观最简单、最快捷的方法。使用模板可以使设计出来的演示文稿的所有幻灯片具有一致的外观。

（1）选择已有模板。单击【设计模板】按钮建立一个新演示文稿时，某个特定的模板就会自动附加在该演示文稿上。可以按照如下步骤修改已有演示文稿的模板：

① 打开需要修改模板的演示文稿。

② 在【幻灯片设计】任务窗格中，选择【应用设计模板】列表中的模板样式，如图 5-11 所示。

③ 单击列表框中的任意一个设计模板，在编辑区中会立即生成预览效果，同时，选定的新模板就会应用到演示文稿的每张幻灯片中。

（2）自定义模板。在 PowerPoint 中除了可以应用已有的模板外，也可以根据需要编辑修改模板，然后保存为新的模板，供以后使用。

要创建自定义模板，可执行以下操作：

（1）打开已有的演示文稿。

（2）更改演示文稿的设置，如删除演示文稿中的所有文本和图形对象等。

（3）执行【文件】→【另存为】菜单命令，打开【另存为】对话框。

图 5-11　设计模板选项

（4）在对话框中，选择保存类型为【演示文稿设计模板】，并在【文件名】框中输入新模板的名称，单击【保存】按钮即可。

5.1.4　设置幻灯片背景、编排项目符号和编号

漂亮的外观是对演示文稿的基本要求，演示文稿的背景和配色方案，对选择的字体和字号有直接的影响。使用 PowerPoint 可以方便地设置幻灯片的背景和配色方案，改变演示文稿的整体外观。

1．设置简单的背景

简单的背景通常使文稿显得整洁优雅，为演示文稿选择一种基本的单色背景的操作步骤如下：

（1）打开希望应用背景的演示文稿。

（2）执行【格式】→【背景】菜单命令，打开【背景】对话框。

（3）从【背景填充】下拉列表框中选择作为背景的颜色，如图 5-12 所示。

（4）如果没有满意的颜色，可以选择【其他颜色】选项，然后单击调色板中所需的颜色。

（5）单击【全部应用】按钮，则整个演示文稿应用新背景；单击【应用】按钮，则只在当前幻灯片上应用新背景。

2．设置特殊的背景

要设置特殊背景，可以在【背景】对话框的【背景填充】下拉列表框中选择【填充效果】选项，打开【填充效果】对话框，如图 5-13 所示，从中选择一种效果进行设置。

（1）渐变：几种不同颜色之间的过渡效果。通过选中【单色】或【双色】单选按钮，选择自己的配色方案，或选择某种预设方案，在【底纹样式】和【变形】选项组获得希望的效果。

（2）纹理：包括大理石、木材、水面等材质的效果。

（3）图案：以两种颜色为基础的图案组合。

（4）图片：选择一幅图片作为演示文稿的背景。

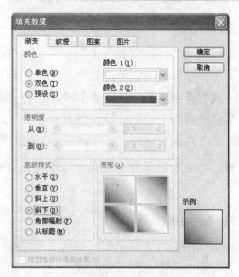

图 5-12　【背景】对话框　　　　　　　　　　　图 5-13　【填充效果】对话框

提示：使用特殊的背景效果时，应当特别注意与幻灯片文本颜色的搭配。

3．项目符号和编号的编排

选择文字，单击鼠标右键，在弹出的快捷菜单中选择【项目符号和编号】选项或者执行【格式】→【项目符号和编号】菜单命令，弹出【项目符号和编号】对话框，如图 5-14 所示，在其中进行设置。

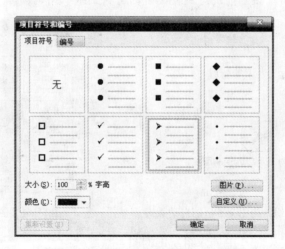

图 5-14　【项目符号和编号】对话框

5.1.5　插入表格、图表和组织结构图

1．插入表格

单击"常用"工具栏中的【插入表格】按钮，也可以执行【插入】→【表格】菜单命令，操作方法与 Word 2003 中一致。

2．插入图表

插入图表的具体步骤如下：

（1）选择要插入图表的幻灯片为当前幻灯片。

（2）执行【插入】→【图表】菜单命令，将在幻灯片中出现一张图表和一张数据表。

（3）修改数据表中的内容，使其符合要求。

（4）单击数据表以外的任意区域，关闭数据表，而图表则可以反映出数据表的最后内容。

注意：若当前幻灯片的版式中带有图表占位符，直接双击占位符位置，即可出现图表和数据表。

3．插入组织结构图

组织结构图是用来表示组织结构关系的图表，采用一种自上而下的树状结构。用户可以采用带有组织结构图占位符的版式，也可以在一般版式的幻灯片中插入组织结构图。

（1）使用自动版式建立组织结构图。

① 打开演示文稿，选定目标幻灯片为当前幻灯片。

② 执行【格式】→【幻灯片版式】菜单命令，选择带组织结构图文本框的自动版式，如图 5-15 所示。

③ 双击此组织结构图文本对象，弹出如图 5-16 所示的【图示库】对话框。

④ 在对话框中选择图表类型后单击【确定】按钮，然后再对各个图框进行编辑。在组织结构图以外的地方单击，在当前幻灯片视图中即可看到组织结构图。

图 5-15　带组织结构图文本框的自动版式

图 5-16　【图示库】对话框

（2）在一般版式的幻灯片中插入组织结构图。

① 选定目标幻灯片，使其成为当前幻灯片。

② 执行【插入】→【图示】菜单命令，弹出【图示库】对话框。

③ 选择图表类型，单击【确定】按钮，即可插入一个组织结构图。

组织结构图创建完毕之后，用户便可以根据实际需要通过"组织结构图"工具栏对其初始结构进行修改。"组织结构图"工具栏如图 5-17 所示。

图 5-17　"组织结构图"工具栏

在组"织结构图"工具栏中可以通过单击【插入形状】按钮，为组织结构图创建下属、同事、助手图文框；通过单击【版式】按钮，为组织结构图选择两边悬挂、左悬挂、右悬挂等版式；通过单击【选择】按钮，对组织结构图的样式进行选择。

5.1.6　自定义动画与幻灯片切换

1．自定义动画

PowerPoint 不仅可以为整张幻灯片设置切换效果，还可以为幻灯片内部的文本、图形、图像等对象设置动画效果。

在普通视图中，选定需要动态显示的对象，执行【幻灯片放映】→【自定义动画】菜单命令，在【自定义动画】任务窗格中进行设置，如图 5-18 所示。

（1）选择幻灯片中要设置动画的对象。

（2）在【自定义动画】任务窗格中单击【添加效果】按钮，在弹出的下拉列表中选择效果，如图 5-19 所示。选定某种效果后，可以设置动画的开始状态、方向、速度等参数。

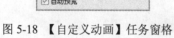

图 5-18　【自定义动画】任务窗格

图 5-19　效果列表

（3）单击【播放】按钮，可以预览动画效果；单击【幻灯片放映】按钮，可以切换到放映视图。

2．幻灯片切换

PowerPoint 不仅可以为整张幻灯片设置切换效果，还可以为幻灯片内部的文本、图形、图像等对象设置动画效果。

创建一些动画的快速方法是：在普通视图中，选定需要动态显示的对象，单击【幻灯片放映】菜单中的【自定义动画】命令，在【任务窗格】中，出现【自定义动画】对话框，如图 5-21 所示，设置步骤如下：

（1）选择幻灯片中要设置动画的对象，如一个文本块或一张图片。

（2）在【自定义动画】对话框中，选择【添加效果】下拉列表中的各种效果，如图 5-22

所示。选定某种效果后，可以设置动画开始状态、方向、速度等参数。

图 5-21 【自定义】对话框   图 5-22 效果列表

（3）单击【播放】按钮，可以预览动画效果，单击【幻灯片放映】按钮切换到放映方式视图。

5.1.7 设置动作按钮和超链接

1．设置动作按钮

PowerPoint 自带了一些动作按钮，可以将这些动作按钮插入幻灯片中，并为之定义超级链接，单击此按钮就可以产生一个动作。

（1）打开要设置动作按钮的幻灯片。

（2）执行【幻灯片放映】→【动作设置】菜单命令，弹出【动作设置】对话框，如图 5-21 所示。

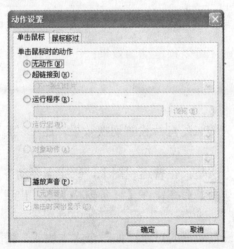

图 5-21 【动作设置】对话框

（3）在【单击鼠标】选项卡中设置单击该按钮时的操作，例如，在【超链接到】下拉列表中选择【下一张幻灯片】选项，那么在放映该幻灯片时，单击此按钮就会放映下一张幻灯片。

（4）设置完成后，单击【确定】按钮。

提示：选中【播放声音】复选框，可以在其下拉列表中选择声音事件。

2．设置超链接

PowerPoint 的超级链接功能可以把对象链接到其他幻灯片、文件或程序上。通过幻灯片中的文本、图表等对象创建超级链接，可以快速跳转到另一张幻灯片或有关内容。

【案例 5-1】 设置超链接。

设置超级链接的操作步骤如下：

（1）选择要设置超级链接的对象。

（2）执行【插入】→【超链接】菜单命令，或单击鼠标右键，在弹出的快捷菜单中选择【超链接】选项，弹出【插入超链接】对话框，如图 5-22 所示。

图 5-22 【插入超链接】对话框

（3）在该对话框中，可以创建链接到原有文件或网页、本文档中的位置、新建文档、电子邮件地址。

（4）单击【本文档中的位置】按钮，在【请选择文档中的位置列表框】中选择目标，如图 5-23 所示。

图 5-23 在文档中选择目标

（5）单击【确定】按钮完成超级链接的设置。

5.1.8　插入影片和声音

在 PowerPoint 的演示文稿中，还可以插入影片和声音等动态的对象，使幻灯片在放映时产生很好的效果，增加观众的吸引力。

在这里以插入声音为例，介绍插入影片和声音的方法。

（1）选择需要插入声音的幻灯片。

（2）执行【插入】→【影片和声音】菜单命令，在出现的子菜单中，选择一种插入声音的来源，可以是来自剪辑管理器中的声音，也可以是来自文件中的声音。

（3）如果选择【文件的声音】选项，则可在弹出的【插入声音】对话框中选择声音文件。

（4）单击【确定】按钮，弹出提示对话框，单击【自动】按钮，则在幻灯片载入时自动播放声音；单击【在单击时】按钮，则只在单击声音图标时播放声音。

当完成以上操作之后，PowerPoint 自动在幻灯片上添加了一个带控制点的声音图标，可以根据需要改变图标的大小和位置，也可以删除图标去掉声音链接。在声音图标上单击鼠标右键，在弹出快捷菜单中选择【编辑声音对象】选项，可以在弹出的对话框中设置循环播放和在播放时隐藏图标。

5.2　演示文稿的放映与发布案例分析

案例分析

当制作好一个自我介绍的演示文稿或者为公司制作好一个产品演示文稿后，往往要为大家放映演示文稿、打印文稿，这时我们通常会碰到以下几个问题：

问题 1 在放映演示文稿时，如何设置浏览者单击播放或者演示文稿自动播放。

问题 2 如果要求自动播放演示文稿，应该如何控制放映的时间。

问题 3 在放映时，如果要返回前面的幻灯片，该如何操作。

问题 4 在放映演示文稿时，要有选择地放映某一张文稿时该如何处理。

问题 5 演示文稿制作好后，如何设置幻灯片的页眉、页脚和打印。

案例实现

问题 1 的实现：

如果浏览者自动播放幻灯片，执行【幻灯片放映】→【排练计时】菜单命令，通过时间轴来控制每张幻灯片的停留展示时间，一直到最后播放完成即可。如果需要循环播放，执行【幻灯片放映】→【设置放映方式】菜单命令，在弹出的对话框中选择循环播放。

问题 2 的实现：

执行【幻灯片放映】→【排练计时】菜单命令，通过"预演"工具栏中的时间轴来控制幻灯片播放的时间。

问题 3 的实现：

幻灯片放映时，单击【上一张】按钮，或者向上滚动鼠标滚轴。

问题 4 的实现：

选择幻灯片播放的普通模式，在【幻灯片】列表中选择需要的幻灯片进行放映。

问题 5 的实现：

执行【文件】→【打印预览】菜单命令，在弹出的窗口中进行设置并打印。如果要设置页眉和页脚，执行【视图】→【页眉和页脚】菜单命令即可。

5.2.1　演示文稿的放映

设置好演示文稿的放映效果之后，即可对演示文稿进行播放演示。

1．启动幻灯片的放映

放映幻灯片可以在 PowerPoint 中进行，也可以直接在 Windows 环境下进行。如果在 PowerPoint 中放映，那么放映完之后演示文稿仍然处于打开状态，可以继续编辑该文稿；如果在 Windows 环境下放映，那么放映完后演示文稿会自动关闭，返回 Windows 界面。

【案例 5-2】　放映幻灯片。

（1）在 PowerPoint 中启动幻灯片放映。

方法一：单击演示文稿视图转换区的【幻灯片放映】按钮。

方法二：执行【幻灯片放映】→【观看放映】菜单命令。

方法三：执行【视图】→【幻灯片放映】菜单命令。

（2）在桌面上激活幻灯片放映。如果已将演示文稿保存为.ppt 格式的文件，则可以在【我的电脑】或【资源管理器】中找到该文件，用鼠标右键单击该文件，在弹出的快捷菜单中选择【显示】选项。

（3）将演示文稿保存为自动放映的类型。打开要保存的演示文稿，执行【文件】→【另存为】菜单命令，在弹出的【另存为】对话框的【保存类型】下拉列表框中选择【PowerPoint 放映】选项，为新文件重新命名，单击【确定】按钮，即可将演示文稿保存为自动放映的类型。当需要放映该文稿时，只要在【我的电脑】或【资源管理器】中双击该文件，即可放映演示文稿。

2．利用鼠标控制幻灯片的放映

在幻灯片的放映过程中，移动鼠标后，在屏幕的左下角会出现控制按钮，单击该按钮或在幻灯片上直接单击鼠标右键，将会弹出快捷菜单，可以通过选择菜单中的选项来控制幻灯片的放映。例如，可以定位放映某一张幻灯片，查看该幻灯片的内容，还可以利用绘图笔在放映的幻灯片上画出重点或绘制简单图形等。

5.2.2　设置放映方式和放映时间

1．创建自定义放映方式

创建自定义放映可以将已有演示文稿中的幻灯片重新排列组合，生成一个新的放映顺序。创建自定义放映的步骤如下：

（1）执行【幻灯片放映】→【自定义放映】菜单命令，弹出【自定义放映】对话框，如图 5-24 所示。

（2）单击【新建】按钮，弹出【定义自定义放映】对话框，如图 5-25 所示。

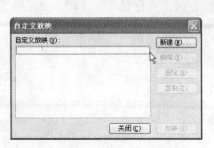 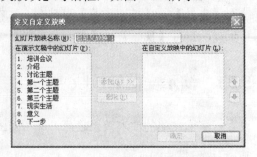

图 5-24 【自定义放映】对话框   图 5-25 【定义自定义放映】对话框

（3）在【幻灯片放映名称】文本框中，输入自定义放映的名称，在【在演示文稿中的幻灯片】中选取要添加到自定义放映的幻灯片，单击【添加】按钮，即可把选中的幻灯片添加到右边的【在自定义放映中的幻灯片】栏中，并且可以利用右边的上下箭头改变幻灯片的放映次序，单击【确定】按钮返回【自定义放映】对话框。

（4）如果希望再多创建几组自定义放映，可以重复步骤（2）～（3）的操作。

（5）单击【关闭】按钮，完成自定义放映的创建。

2．设置放映方式

执行【幻灯片放映】→【设置放映方式】菜单命令，将打开如图 5-26 所示的【设置放映方式】对话框，可以在该对话框中选择放映类型和需要放映的幻灯片等。

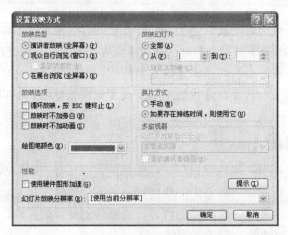

图 5-26 【设置放映方式】对话框

PowerPoint 提供了 3 种不同的放映幻灯片的方式，即演讲者放映、观众自行浏览和在展台浏览，它们分别适用于不同的播放场合。

（1）演讲者放映。在该方式下，可以全屏幕查看演示文稿并控制放映，是一种最常用的放映方式。

（2）观众自行浏览。这种方式适用于小规模的演示，放映时演示文稿会出现在一个小型窗口内，在该窗口中提供了一些简单的命令，供放映时移动、编辑、复制和打印幻灯片。在这种方式中，可以利用滚动条从一张幻灯片移动到另一张幻灯片，并同时运行其他程序，还可以在演示窗口中显示"Web"工具栏，用来浏览其他演示文稿和 Office 文档。

（3）在展台浏览。这种方式将以全屏演示的形式，自动反复地运行演示文稿。它适用于在展台等无人管理的场合放映幻灯片，此时除了超级链接和动作按钮外，大多数菜单和命令都会失效，演示文稿不会被改动，每运行一次结束都会自动重新开始放映。

提示：在【设置放映方式】对话框中，还可以选择放映的幻灯片和换片方式。例如，选中【全部】单选按钮，则放映当前演示文稿的全部幻灯片；选中【从…到…】单选按钮，则只放映选取范围内的幻灯片。

3．设置放映时间

放映幻灯片有两种方式，即人工放映和自动放映。若采用自动放映方式，需要为每张幻灯片设置放映的时间。设置放映时间的方法有两种，一是人工为每张幻灯片设置时间，然后运行幻灯片放映并查看所设置的时间；二是使用排练功能，通过多次排练选择最佳的幻灯片放映时间。

这里利用排练功能简单地介绍如何来设置放映时间。

【案例 5-3】　设置放映时间。

执行【幻灯片放映】→【排练计时】菜单命令，就会进入幻灯片放映界面，同时屏幕上会出现"预演"工具栏，如图 5-27 所示。利用该工具栏能方便地进行放映时间的设置。

图 5-27　"预演"工具栏

单击 ➡ 按钮，可以播放下一个动画对象；单击 ▮▮ 按钮，可以暂停幻灯片的放映并停止计时；单击 ⟲ 按钮，可重新进行当前幻灯片的排练计时。如果保存该放映时间，并把它作为下次放映时的放映时间，那么下次放映时 PowerPoint 会自动采用该时间。

5.2.3　演示文稿的打印与打包

1．演示文稿的页面设置

在打印之前，必须先精心设计幻灯片的大小和打印方向，以得到满意的打印效果。页面设置的操作步骤如下：

（1）执行【文件】→【页面设置】菜单命令，弹出如图 5-28 所示的对话框。

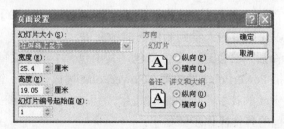

图 5-28　【页面设置】对话框

（2）在【幻灯片大小】下拉列表框中可选择幻灯片的尺寸；在【幻灯片编号起始值】下拉列表框中可设置打印文稿的编号起始值；在【方向】组合框中可设置幻灯片、备注、讲义和大纲的打印方向。

2. 演示文稿的打印

进行打印之前，先要在 PowerPoint 中打开要打印的演示文稿，并使其显示在活动演示文稿窗口中，然后执行【文件】→【打印】菜单命令，弹出【打印】对话框，如图 5-29 所示。

图 5-29 【打印】对话框

通过设置【打印范围】选项组，可打印演示文稿的全部幻灯片，或只打印所选择的幻灯片。其中，【自定义放映】单选按钮可以对自定义放映中设置的范围进行设置，如果没有设置自定义放映，则该功能失效。

要打印多份幻灯片，可增加【打印份数】下拉列表框中的数值；如果打印一份以上，还可选中【逐份打印】复选框。用这种方式打印演示文稿时，先打印完一份完整的演示文稿后再打印下一份，而不是先打印出各份文稿的第一页，然后再打印第二页。

【打印内容】选项的默认设置为【幻灯片】，也可以从下拉列表中选择打印讲义、备注页或大纲视图。

设置完毕单击【确定】按钮，就可以进行打印。

3. 将演示文稿打包成 CD

当用户创建好演示文稿后，可以通过执行【文件】→【打包成 CD】菜单命令，把所要展示的文稿进行打包，可以让更多的人看到制作的演示文稿。

执行打包成 CD 命令后，会创建一个信息包，其中包含了演示文稿的压缩副本和常用的多媒体文件，同时还包括 PowerPoint 播放器。PowerPoint 播放器是一个小型应用程序，运行后即可在未安装 PowerPoint 的计算机上放映幻灯片。

对演示文稿进行打包的具体操作步骤如下：

（1）选中压缩并保存到磁盘的演示文稿。

（2）执行【文件】→【打包成 CD】菜单命令，弹出如图 5-30 所示的对话框。

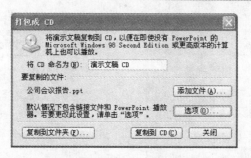

图 5-30　【打包成 CD】对话框

（3）根据对话框中各按钮的作用进行打包。为了提高演示文稿的兼容性，单击【选项】按钮，在弹出的【选项】对话框中选中【链接的文件】和【嵌入的 TrueType 字体】复选框。如果没有选择这些选项，则需要附加文件才能使演示文稿顺利播放。

5.3　综合案例的应用——艾瑞咨询集团公司简介演示文稿的制作

大家在参加工作时，经常需要为公司制作公司简介、产品介绍、项目介绍的演示文稿，如何制作一个画面美观、创意新颖、内容功能完整的产品介绍演示文稿，已经成为一个优秀毕业生参加工作显示计算机应用能力的一个重要体现。下面通过网上下载的模板来讲述一个主题为"艾瑞咨询集团公司简介"演示文稿的制作过程。

演示文稿中的幻灯片如图 5-31 所示。

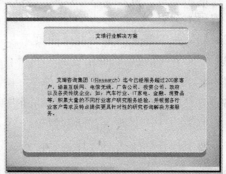

图 5-31　演示文稿中的幻灯片

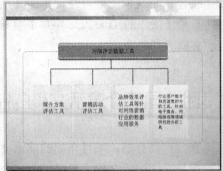
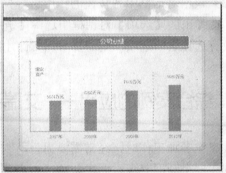
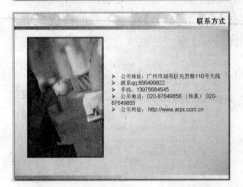

图 5-31　演示文稿中的幻灯片（续）

制作要求

（1）根据素材教材文件夹中的公司设计 PPT 模板来设计一个主题为"艾瑞咨询集团公司简介"的演示文稿。

（2）幻灯片中要求有图文混排的页面。

（3）要求有超级链接的插入。

（4）要求有图表的插入。

（5）要求在图片与文字效果中有动画效果的制作。

（6）要求幻灯片切换中有动态效果。

（7）要求一开始放映幻灯片就有背景音乐循环播放。

操作步骤

（1）打开素材库公司设计 PPT 模板。

（2）在首页中输入标题文字，设置好字体。

（3）简介页面的制作：将模板前言页左上角的文字改为简介，适量将中间的文字背景图片框拉高，中间的文本框输入幻灯片素材中的第二段文字。图文混排的设置，先插入素材库中的简介.jpg，调节到适当的高度和位置，插入两个文本框，第一个文本框为第一段，第二个文本框为第二段，适当调节两个文本框的宽度，使之形成文字环绕图片的混排形式。

（4）目录页面的制作：复制（或者按住"Ctrl"键拖动）中央文字背景框，在 5 个背景框上面分别插入文本框，输入文字素材中的标题文字。

（5）艾瑞行业解决方案页面的制作：选择模板中的过渡页，输入标题名字，将标题背景图片复制到下面，拉高图片，插入文本框，将文本素材中的解决方案内容复制到文本框中。

（6）网络监测数据产品页面的制作：在幻灯片视图中复制艾瑞行业解决方案页面幻灯片到该幻灯片后面，修改标题文字和内容文字，将文本素材中的网络监测数据产品部分的内容复制进来，使用同样的方法来制作专项定制研究服务页面。

（7）网络评估数据工具页面的制作：由于这部分文本素材的内容为大项包括各子小项的关系，所以选择幻灯片模板中的第 4 张幻灯片来制作，修改幻灯片，复制背景图片，添加文本框即可。

（8）公司业绩页面的制作：由于这部分内容都是采用时间对比的方式来展示的，所以可以利用模板中的第 6 张幻灯片，即图表幻灯片来制作。删除多余的方块，然后在蓝色矩形框旁边插入文本框，加上相应的文字即可。

（9）联系方式页面可以利用模板中的倒数第 2 张幻灯片来制作，左边的图片刚好可以作为幻灯片图片，右边的文本框刚好输入文本素材中的联系方式，并添加你所喜欢的项目符号和编号。

（10）制作超级链接：选择目录页面，选择"艾瑞行业解决方案"文字，执行【插入】→【超链接】菜单命令，在弹出的对话框中单击【本文档中的位置】按钮，选择艾瑞行业解决方案幻灯片，单击【确定】按钮，其他子目录的链接依此类推。

（11）动画效果的制作：选择简介页面，选中此页面中的图片，执行【幻灯片放映】→【自定义动画】菜单命令，在【自定义动画】任务窗格中单击【添加效果】按钮，从中选择横向棋盘式效果，在【开始】下拉列表中选择【之后】，即设置成自动播放，文字部分设置成从底部飞入效果，同时设置成自动播放方式。

（12）幻灯片切换：执行【幻灯片放映】→【幻灯片切换】菜单命令，在【幻灯片切换】任务窗格中选择一种切换方式，设置好切换速度，单击【应用于所有幻灯片】按钮。

（13）插入声音：选择第一张幻灯片，执行【插入】→【影片和声音】菜单命令，选择文件中的背景音乐.mp3，单击【自动播放】按钮，在喇叭图标上单击鼠标右键，在弹出的快捷菜单中选择【编辑声音对象】选项，设置循环播放和在播放时隐藏图标。

5.4　综合练习（过级考试模拟试题）

（1）打开素材文件夹下的文件"pp2.ppt"，并完成如下操作：

① 插入一张空白版式幻灯片作为第一张幻灯片，在该幻灯片的右下方插入文本框，输入

横排文字"望月怀远"。

② 将幻灯片的模板设置为 Blends 型模板，将第一张幻灯片中的文字设为 60 号、倾斜，设置自定义动画为垂直百叶窗。

③ 在第二张幻灯片中插入考生文件夹（D:\EXAM\4545）下的声音 sou2，要求自动播放。

④ 将所有幻灯片的切换方式设置为左右向中部收缩（即左右向中央收缩）。

完成以上操作后，将该文件以原文件名保存在 E 盘下。

注意：在 PowerPoint 2003 中，自定义动画均指"进入"时的动画。

（2）打开素材文件夹下的文件"pp3.ppt"，并完成如下操作：

① 插入一张空白版式幻灯片作为第一张幻灯片，在其中插入考生文件夹下的影片文件 mov3，要求自动播放。

② 将第二张幻灯片中的文字设置为楷体_GB2312、阳文，并设置自定义动画为棋盘式（即向下棋盘）。

③ 将第二张幻灯片复制到最后一张幻灯片的后面。

④ 将所有幻灯片的切换方式设置为从右上抽出。

完成以上操作后，将该文件以原文件名保存在 E 盘下。

（3）打开素材文件夹中的"pp5.ppt"文件，制作包含 6 张幻灯片的业务介绍。制作完成后以"电信业务.ppt"为文件名保存到 E 盘下。

① 在第一张幻灯片前插入一张标题和文本幻灯片，全部应用设计模板 Globe.pot。

② 在幻灯片中添加如下文字：

- 电话业务
- 互联网数据业务
- 电话卡业务
- 小灵通
- 移动业务

③ 在第一张幻灯片中添加标题"中国电信业务"，字体为楷体_GB2312，字号为 32。

④ 在第一张幻灯片中添加背景音乐，选择考生文件夹中的 pp12.wav，要求循环播放，直到下一个声音为止。

⑤ 将第四张幻灯片移至最后，以第一张幻灯片中的每一行文字为目录，对应后面 5 张幻灯片的标题创建超链接。

第 6 章

计算机网络与 Internet

 **知识目标：**

- 了解计算机网络的分类与功能，以及计算机网络协议
- 了解 Internet 的常用功能
- 了解 Internet 的接入方式
- 掌握 Internet 的应用

 技能目标：

- 能够将个人计算机接入 Internet
- 能够组建家庭或是寝室局域网，让多台计算机同时上网
- 能够设置笔记本电脑使其可以无线上网

随着计算机技术的迅猛发展，计算机应用的广泛普及，单机操作已经不能满足社会发展的需要。社会资源的信息化、数据的分布式处理、计算机资源的共享等应用需求，推动了计算机网络的产生与发展，特别是近年来以 Internet 为代表的国际互联网在全球范围的扩展。计算机网络应用已遍及政治、经济、军事、科技、生活等几乎人类活动的一切领域，正在对社会发展、生产结构及人们的日常生活方式产生着深刻的影响与冲击。21 世纪是计算机网络信息的时代。

6.1   计算机网络概述

6.1.1   计算机网络

1. 计算机网络的基本概念

计算机网络没有严格的和统一的定义，随着计算机网络技术的发展，关于计算机网络的定义也不断发展与完善。目前，比较认同的计算机网络的定义为利用通信设备和通信线路将分布在不同地理位置的具有独立和自主功能的计算机、终端及其附属设备连接起来，并配置

网络软件（网络通信协议、网络操作系统等）以实现信息交换和资源共享的一个复合系统。

2. 计算机网络的产生和发展

计算机网络是计算机技术、通信技术和网络技术相互渗透、相互结合的产物。它是通过通信手段，将若干个分布在不同地点的具有独立功能的计算机相互联系在一起，以进行信息交换、资源共享和协同工作的复合系统。计算机网络具有 3 个要素，一是功能独立的计算机；二是通过通信手段连接；三是多台计算机相互联系在一起进行信息交换、资源共享或者协同工作。

计算机网络出现在 20 世纪 60 年代，它的历史虽然不长，但发展很快，整个过程经历了一个从简单到复杂、从小到大的演变过程。大致可以归纳为 4 个阶段，第一个阶段是面向终端的计算机网络；第二个阶段是计算机到计算机的简单网络；第三个阶段是开放式标准化的易于普及和应用的网络；第四个阶段是网络的高速化发展阶段。

第一代计算机网络起源于 20 世纪 50 年代中期，开始于美国半自动地面环境研究机构（Semi-Automatic Ground Environment，SAGE），该机构属于防空系统，进行将计算机技术和通信技术相结合的实验，将多个地理位置上分散的终端计算机连接到一台中心计算机上，由此出现了第一代面向终端的计算机网络。

第二代计算机网络是将多台具有自主处理能力的计算机通过通信线路连接起来，为用户提供服务。典型代表是 20 世纪 60 年代后期美国国防部高级研究计划局的 ARPA（Advanced Research Projects Agency）网，它是第一个以实现资源共享为目的的计算机网络。用户不仅可以共享主机的资源，而且还可以共享网络中其他用户的软、硬件资源。第二代计算机网络的工作方式一直延续到了现在。如今的计算机网络，尤其是中小型局域网很注重整合网络中的各种资源，以扩大系统资源的共享范围。

第三代计算机网络是开放式标准化的互联网络，它具有统一的网络体系结构、遵循国际标准化协议，能方便地将计算机互联在一起。它起源于 20 世纪 70 年代后期，发展于 80 年代，成熟于 90 年代。典型的例子就是国际互联网 Internet，它将世界范围的计算机相互连接在一起，实现了更广范围、更大规模的数据交换和信息共享。1977 年前后，国际标准化组织成立了一个专门机构，提出了一个各种计算机能够在世界范围内互联成网的标准框架，即著名的开放系统互联基本参考模型（OSI/RM，Open System Interconnection/Recommended Mode），简称 OSI。OSI 模型的提出，为计算机网络技术的发展开创了一个新纪元。现在的计算机网络便是以 OSI 为标准进行工作的。

第四代计算机网络是高速化发展网络，随着美国信息化高速公路的提出与实施，Internet 技术不断成熟，功能和应用不断拓展完善，网络应用在跨地域、跨领域方面的应用日益广泛。在信息化高度发展的今天，任何一台计算机都必须以某种形式联网，以实现共享信息或协同工作，否则就不能充分发挥计算机的性能。

现代计算机网络进入了一个高速化发展的阶段，取得的成绩引人注目、令人惊叹。首先，计算机网络向高速化、宽带化方向发展。以太网（Ethernet）的传输速率从早期的 10～100Mbps 的普及，到现在的千兆（Gbps），数据传输速率得到了极大提高。其次，计算机网络向多媒体方向发展。随着网络应用的发展，计算机网络从早期的字符信息传输到现在的图形、图像、声音和影像等多媒体信息的传输。多媒体的传输，不但要求网络具有较高的传输速率（高带宽），而且对延迟时间（实时性）、时间抖动（等时性）和服务质量等方面都提出了更高的要求。随着电子商务的出现，网络交易正在改变人们传统的生活模式，网上书店、网上购物、网上银行、网络大学、虚拟社区等新名词层出不穷,电子数据交换(EDI)、电子订单系统(EOS)、电子资金转移（EFT）、网络炒股等应用使计算机网络得到更加充分的应用。

目前，计算机网络正在向三网合一（电视网、电话网和计算机网络）的方向发展，以后，只要有一台多媒体个人计算机（MPC）就能实现录音机、可视电话机、图文传真机、立体声音响设备、电视机和录像机等设备的功能。同时，高速无线接入技术是计算机网络的另一个热门研究领域，将来的计算机网络在任何时间、任何地点都可以快速安全地运行，计算机网络有着广阔的发展前景。

6.1.2　网络的分类

1．按网络覆盖的地理范围分类

按网络覆盖的地理范围可将计算机网络分为局域网、城域网和广域网。

（1）局域网。局域网也可称局域网络（Local Area Network，LAN），是指将某一相对狭小区域内的计算机，按照某种网络结构相互连接起来形成的计算机集群。在该集群中的计算机之间，可以实现彼此之间的数据通信、文件传递和资源共享，如图 6-1 所示。在局域网中，相互连接的计算机相对集中于某一区域，而且这些计算机往往都属于同一个部门或同一个单位管辖。

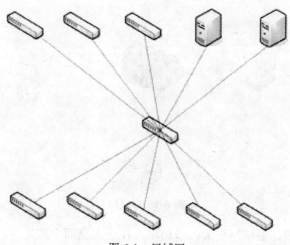

图 6-1　局域网

（2）城域网。城域网也可称城域网络（Metropolitan Area Network，MAN），是指利用光纤作为主干，将位于同一城市内的所有主要局域网络高速连接在一起而形成的网络，如图 6-2 所示。实际上，城域网是一个局域网的扩展。也就是说，城域网的范围不再局限于一个部门或一个单位，而是整个城市，能实现同城各单位和部门之间的高速连接，以达到信息传递和资源共享的目的。

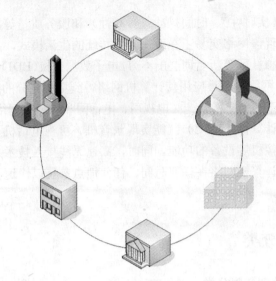

图 6-2　城域网

（3）广域网。广域网也可称广域网络（Wide Area Network，WAN），是指将处于一个相对广泛区域内的计算机及其他设备，通过公共电信设施相互连接，从而实现信息交换和资源共享，如图 6-3 所示。

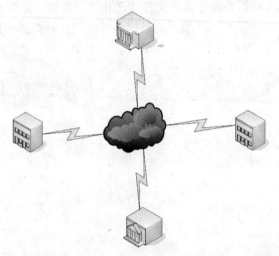

图 6-3　广域网

广域网的覆盖范围比城域网更大，是局域网在更大空间中的延伸，是利用公共通信设施（如电信局的专用通信线路或通信卫星），将相距数百、甚至数千千米的局域网或计算机连接起来构建而成的网络。其范围已不再仅仅局限于某一特定的区域，而是可以在地理上分布得很广、数量庞大的局域网或计算机。它不仅可以跨越城市、跨越省份，甚至可以跨越国度。因此，有人将广域网称为"网间网"。广域网的作用也正是连接了众多的局域网，从而使得相距遥远的人们也可以方便地共享对方的信息和资源。

2．按网络的拓扑结构分类

按网络的拓扑结构可以将计算机网络分为总线型网络、星型网络、环型网络和混合型网络。

网络拓扑就是指局域网络中各节点间相互连接的方式，也就是网络中计算机之间如何相互连接的问题。构成局域网络的拓扑结构有很多种，其中最基本的拓扑结构为总线型、星型、树型和网状拓扑。拓扑结构的选择往往与通信介质的选择和介质访问控制方法的确定紧密相关，并决定着对网络设备的选择。

（1）总线型拓扑。在总线型拓扑中，网络上的所有计算机都是直接连接到同一条电缆上的，就好像是在同一条公路上行驶的汽车，所以英文称其为 Bus，如图 6-4 所示。

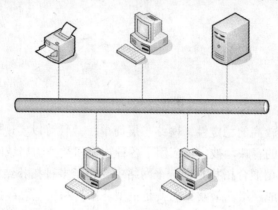

图 6-4　总线型拓扑

在总线型拓扑结构的网络中，一条电缆所能提供的带宽是非常有限的，因此主电缆上每加入一个新的节点，就会吸收一部分信号。当节点增加到一定数量后，电子脉冲的强度会变得非常微弱，误码率就会大大增加。一般情况下，每条以太网主电缆仅能支持 30 台计算机。当网络中的计算机超过这个数量时，就必须增加中继设备，用于增强电信号，从而使网段内可容纳的计算机数量增大。

（2）环型拓扑。环型网络是将网络中的各节点通过通信介质连成一个封闭的环形，并且以所有节点的网络接口卡作为中继器。环型网络中没有起点和终点，一般通过令牌来传递数据，各种信息在环路上以一定的方向流动，每个节点可以转发网络上的任意信号但不考虑目的地。目的站识别信号地址并将它保存到本地缓存器中，直到重新回到源站，才停止传输过程。

局域网一般不采用环型拓扑结构。环型拓扑适用于星型结构无法适用的、跨越较大地理范围的网络，由于一条环路可以连接一个城市的几个地点，甚至可以连接跨省的几个城市，因此，环型拓扑更适用于广域网。

环型网络也存在一些缺点，例如，环路中一台计算机发生故障会影响整个网络，重新配置新网络时会干扰正常的工作，不便于扩充。

光纤分布式数据接口（FDDI）和 IEEE MAN 标准使用双环。如果在某个位置上的电缆被切断，就会发生一个回送（loop-back），到达断点的信号向相反方向重新发送，从而保障网络畅通。

（3）星型拓扑。在星型拓扑结构的网络中，所有的计算机都通过各自独立的电缆直接连接至中央集线设备。集线器位于网络的中心位置，网络中的计算机都从这一中心点辐射出来，如同星星放射出的光芒，如图 6-5 所示。如今大部分网络都采用星型拓扑结构，或者是由星型拓扑延伸出来的树型拓扑。

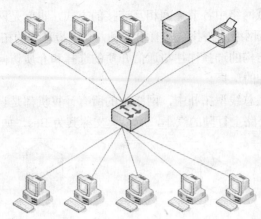

图 6-5　星型拓扑

由于星型拓扑具有较高的稳定性，网络扩展简单，并且可以实现较高的数据传输速率，因此，深受网络工程师的青睐，被广泛应用于各种规模和类型的局域网络。

（4）混合拓扑。所谓混合拓扑是指一个网络中使用了多种拓扑结构，并将这些拓扑结构的优点结合在一起而形成网络。最常见的就是星型环拓扑和星型总线拓扑。

星型环拓扑是星型拓扑和环型拓扑相结合的方式。在星型环拓扑网络中，通过交换机将其他集线器或交换机连接成星型，各集线设备再连接到一台主交换机上，使得各计算机也形成一个环，相互之间都可以通信，如图 6-6 所示。

在星型总线拓扑中，各计算机通过集线设备形成一个星型网络，再通过总线主干线将集线设备连接起来，如图 6-7 所示。

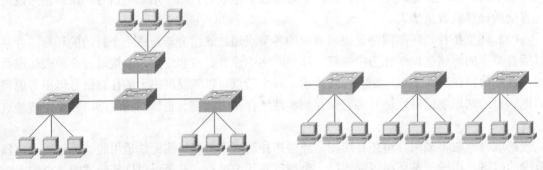

图 6-6　星型环拓扑　　　　　　　　　　图 6-7　星型总线拓扑

3. 按传输介质是否有线分类

按传输介质是否有线可以将网络分为有线网络和无线网络。

（1）有线网络。有线网络就是采用线缆（如同轴电缆、双绞线、光纤等）作为传输介质，实现计算机之间数据通信的网络。现在，绝大多数网络都是有线网络。

（2）无线网络。无线网络（Wireless Local Area Network，WLAN），顾名思义，就是采用无线通信技术代替传统电缆，提供传统有线网络功能的网络。无线网络作为一种方便且简单的接入方式，随着其价格的不断下降，也受到越来越多人的青睐。当接入无线网络的计算机彼此之间相距较近时，可以像对讲机一样，仅靠一块内置的无线网卡，即可实现彼此之间的通信和连接。当计算机彼此之间的距离较远时，就像手机之间的通信必须借助于基站一样，也需要通过访问点（Access Point，AP）才能进行连接。借助于 AP，无线网络还可实现与有线局域网络的连接。

6.1.3　计算机网络的体系结构

要想让两台计算机进行通信，必须使它们采用相同的信息交换规则。我们把在计算机网络中用于规定信息的格式及如何发送和接收信息的一套规则称为网络协议或通信协议。

网络协议是计算机网络的核心问题，是计算机网络中最基本的概念之一。

为了减少网络设计的复杂性，绝大多数网络采用分层设计方法。所谓分层设计，就是按照信息的流动过程将网络的整体功能分解为若干个功能层，不同机器上的同等功能层之间采用相同的协议，同一机器上的相邻功能层之间通过接口进行信息传递。

开放系统互联模型（Open System Interconnection，OSI），是由国际标准化组织（ISO）为实现世界范围的计算机系统之间的通信而制定的标准框架。虽然其缺乏工业界的认同，但是，绝大多数公司在他们的产品中所实现的协议，却是以该模型为基础而建立的。因此，研究 OSI 模型仍具有相当重要的意义。

OSI 构造了顺序式的 7 层模型，即物理层、数据链路层、网络层、传输层、会话层、表示层和应用层。不同系统的同等层之间按相应协议进行通信，同一系统的不同层之间通过接口进行通信。其通信过程为将通信数据交给下一层处理，下一层对数据加上若干控制位后再交给它的下一层处理，最终由物理层传递到对方系统物理层，再逐层向上传递，从而实现对等层之间的逻辑通信。一般用户由最上层的应用层提供服务。

OSI 模型将数据从一个站点传送至另一个站点的工作分割成 7 个不同的任务，这些任务按层进行管理，即分为 7 层，每个层都对包进行封装和解封，每一层都包含了不同的网络设备和网络协议。

把网络分成 7 层具有以下意义：

（1）简化相关的网络操作。

（2）提供即插即用的兼容性和不同厂商之间集成的标准接口。

（3）使工程师能专注于设计和优化不同网络互联设备的互操作性。

（4）防止一个区域的网络变化影响另一个区域的网络，因此，每一个区域的网络都能单独、快速地升级。

（5）把复杂的网络连接问题分解成几个简单的小问题，易于学习和操作。

6.1.4　计算机网络的通信协议

在网络中为数据交换而建立的规则、标准或约定称为计算机网络协议。计算机网络由通信子网和资源子网来构成，在通信子网中最常用、最重要的协议主要有 TCP/IP 协议、IPX/SPX 及其兼容协议、NetBEUI 协议，其中 TCP/IP 协议是当前不同网络互联应用中最为广泛的网络协议。

1．TCP/IP 协议

TCP/IP（Transmission Control Protocol/Internet Protocol，传输控制协议/网际协议）是实现 Internet 连接的基本技术元素，是目前最完整、最被普遍接受的通信协议标准。它可以让使用不同硬件结构、不同操作系统的计算机之间相互通信。Internet 网络中的计算机都使用 TCP/IP 协议，正是由于各个计算机使用相同的 TCP/IP 通信传输协议，因此，不同的计算机才能互相通信，进行信息交流。

TCP/IP 是一种不属于任何国家和公司拥有和控制的协议标准，它有独立的标准化组织支持改进，以适应飞速发展的 Internet 网络的需要。

2．IPX/SPX 协议

IPX/SPX（网间数据包传送/顺序数据包交换协议）是 Novell 公司开发的通信协议集，是 Novell NetWare 网络使用的一种传输协议，使用该协议可以与 NetWare 服务器连接。IPX/SPX 协议在开始设计时就考虑了多网段的问题，具有强大的路由功能，在复杂环境下具有很强的适应性，适合大型网络的使用。

3．NetBEUI 协议

这是 Microsoft 网络的本地网络协议，它常用于由 200 台计算机组成的局域网。NetBEUI 协议占用内存小、效率高、速度快，但是此协议是专门为几台到百余台计算机所组成的单网段部门级小型局域网而设计的，因此不具备跨网段工作的功能，即无路由功能。

6.1.5　域名与 IP 地址

1．IP 地址

为了实现 Internet 上不同计算机之间的通信，除使用相同的通信协议 TCP/IP 之外，每台计算机都必须由授权单位分配一个区分于其他计算机的唯一地址，即 IP 地址。因此，IP 地址即互联网地址或 Internet 地址，是用来唯一标识 Internet 中计算机的逻辑地址。每台连入 Internet 的计算机都依靠 IP 地址来标识。

（1）IP 地址的表示。IP 地址由 32 位二进制数值组成，即 IP 地址占 4 个字节。IP 地址通常用"点分十进制"表示法来表示，其要点是每 8 位二进制为一组，每组用 1 个十进制数表示（0～255），每组之间用小数点隔开。例如，二进制数表示的 IP 地址为 11001010 01110000 00000000 00010010，用"点分十进制"表示即为 202.112.0.18。

（2）IP 地址的特性。IP 地址必须唯一；每台连入 Internet 的计算机都依靠 IP 地址来相互区分、相互联系；网络设备根据 IP 地址帮助用户找到目的端；IP 地址由统一的组织负责分配，任何个人都不能随便使用。

（3）IP 地址的分类。IP 地址是层次性的地址，分为网络地址和主机地址两个部分。处于同一个网络内的各主机，其 IP 地址中的网络地址部分是相同的，主机地址部分则标识了该网络中的某个具体节点，如工作站、服务器、路由器等。

IP 地址分为 5 类，即 A 类、B 类、C 类、D 类和 E 类。其中，A 类、B 类、C 类地址是主机地址，D 类地址为组播地址，E 类地址预备地址，如图 6-8 所示。

A 类		
0	网络地址（7 位）	主机地址（24 位）

B 类		
10	网络地址（14 位）	主机地址（16 位）

C 类		
110	网络地址（21 位）	主机地址（8 位）

D 类	
1110	组播地址（28 位）

E 类	
11110	预留地址（27 位）

图 6-8　IP 地址的分类

A 类地址的网络地址空间占 7 位，可提供使用的网络号是 126 个（2^7-2），减 2 的原因是由于网络地址全 0 的 IP 地址是预留地址，表示本网络，而网络号为 127（01111111）保留作为主机软件回路测试之用。A 类地址可提供的主机地址为 16 777 214（$2^{24}-2$），这里减 2 的原因是主机地址全 0 表示本主机，而全 1 表示所有，即该网络上的所有主机。A 类地址适用于拥有大量主机的大型网络。

B 类地址的网络地址空间占 14 位，允许 2^{14}（16 384）个不同的 B 类网络。B 类地址的每一个网络的最大主机数是 65 534（$2^{16}-2$），一般用于中等规模的网络。

C 类地址的网络地址空间占 21 位，允许 2^{21}（2 097 152）个不同的 C 类网络。C 类地址的每一个网络的最大主机数是 254（2^8-2），一般用于规模较小的局域网。

2. 域名

在 Internet 中，使用 IP 地址就可以直接访问网络中相应的主机资源，IP 地址是一串抽象的数字，不便于记忆。从 1985 年起，在 Internet 上开始向用户提供域名系统（Domain Name System，DNS）服务，即用具有一定含义又便于记忆的字符来标识网上的计算机。

DNS 是一种帮助人们在 Internet 上用名字来唯一标识计算机，并保证计算机名和 IP 地址一一对应的网络服务。

为了使域名能够反映出网络层次及网络管理机构的性质，Internet 采用分层结构来表示域名。顶级域名一般分成两类，即组织型域名和地理型域名。

常见的组织型域名如表 6-1 所示。

表 6-1　常见的组织型域名

域　名	含　义	域　名	含　义
com	商业机构	net	网络服务
gov	政府部门	org	事业机构
edu	教育部门	int	国际组织
mil	军事部门	arpa	未用

除美国以外的国家或地区都采用代表国家或地区的地理型域名，它们一般是相应国家或地区的英文名的两个缩写字母。部分地理型域名如表 6-2 所示。

表 6-2　部分地理型域名

域　名	含　义	域　名	含　义
au	澳大利亚	at	奥地利
ca	加拿大	cn	中国
de	德国	fr	法国
dk	丹麦	hk	中国香港
tw	中国台湾	in	印度
jp	日本	ru	俄罗斯

所有的顶级域名都由 Internet 网络信息中心控制。

顶级域名之下是二级域名。二级域名通常是由 Internet 网络信息中心授权给其他单位或组织自己管理。一个拥有二级域名的单位可根据情况再将二级域名分给更低级的域名，授权给单位下面的管理部门。域名的级数通常不多于 5 个。

在 DNS 域名空间的任何一台计算机都可用下面的方式来标识：

主机名.三级域名.二级域名.顶级域名

6.1.6　接入互联网

Internet 的中文正式译名为因特网，又叫做国际互联网。它是由使用公用语言互相通信的计算机连接而成的全球网络。一旦你连接到它的任何一个节点上，就意味着你的计算机已经连入互联网了。Internet 目前的用户已经遍及全球，有超过几亿人在使用 Internet，并且它的用户数还在以等比级数上升。

Internet 接入方式是指把计算机连接到 Internet 上的方法，也就是我们日常生活中所说的"上网"。一般来说，上网的途径有两种，即通过局域网或个人单机上网。对于学校、企事业单位或公司的用户来说，通过局域网以专线接入 Internet 是最常见的接入方式；对于个人用户而言，ADSL 与 ISDN 拨号方式则是目前最流行的接入方式。

1．Internet 服务提供商

提供 Internet 接入服务的公司或机构称为 Internet 服务提供商，简称 ISP（Internet Services Provider）。

作为 ISP 一般需要具备如下 3 个条件：

（1）有专线与 Internet 相连。

（2）有运行各种 Internet 服务程序的主机，可以随时提供各种服务。

（3）有 IP 地址资源，可以为申请接入的计算机用户分配 IP 地址。

目前，国内向全社会正式提供商业 Internet 接入服务的主要有 CHINANET（由电信部门管理）和 CHINAGBN（由网通公司管理）。普通用户可直接通过 CHINANET 接入，也可选择通过 CHINAGBN 接入。此外，CERNET（由教育部管理）和 CSTNET（由中科院管理）主要提供国内的一些学校、科研院所和政府管理部门接入使用。

2．Internet 接入的基本方式

（1）电话拨号。电话拨号上网是用一台计算机和一个调制解调器（MODEM），通过电话线路同（ISP）服务节点相连，通过电话拨 ISP 特服号，登录服务系统，从而实现与 Internet 连接的互联网接入方式。这种方法在早期使用较多，由于速度受到限制，现在已经逐渐被 ADSL 取代。

（2）光纤（FTTX）+局域网专线接入。用户通过专线方式接入中国公众多媒体通信网，用户必须拥有一条传输线、一台路由器及自己的局域网和服务器系统。专线接入提供高传输带宽，可以是 10Mbps、100Mbps 甚至 1 000Mbps，可以 24 小时随意上网，不受时间限制，结构简单、维护方便、可靠性和安全性高、扩展性强。

（3）ISDN 接入。综合数字业务网（ISDN，Integrated Services Digital Network）是不同于常规电话服务的数字通信。ISDN 可提供用户端到电话局、电话局与电话局之间，从交换到传输全程实现数字化，可提供 Internet 接入、会议电视、局域网互联、专线备用等多种业务。中国电信俗称 ISDN 为"一线通"。

（4）ADSL 接入。ADSL 即非对称数字用户环路技术，就是利用现有的一对电话铜线，为用户提供上、下行非对称的传输（带宽），上行（从用户到网络）为低速传输，最高可达 1Mbps，下行（从网络到用户）为高速传输，最高可达 8Mbps。该方式通过分频技术、电话信号和网络信号同时传输，打电话的同时不影响上网。它主要是针对视频点播业务开发的，随着技术的发展，逐步成为一种方便的宽带接入技术，上网费用低廉，深受用户喜欢。

4 种接入方式综合对比表如表 6-3 所示。

表 6-3　4 种接入方式综合对比表

接入方式	电话拨号	ISDN 接入	ADSL 接入	FTTX+LAN 接入
上网速率	56kbps	128kbps	1～8Mbps	10/100/1 000Mbps
用户端配置	调制解调器	网络终端 NTl	ADSL 调制解调器、网卡	10M/100M 网卡
特点	• 速度慢 • 通用设备接入 • 需拨号上网 • 上网时不能打电话 • 利用电话线上网	• 速度较慢 • 专用设备接入 • 需拨号上网 • 上网和打电话两不误 • 利用原有电话线	• 传输速率高 • 专用设备接入 • 上网和打电话两不误 • 利用原有电话线	• 传输速率更高 • 通用设备接入 • 随时上网无需拨号 • 专用线路 • 提供各种宽带服务

3．Internet 接入实例

（1）拨号上网。拨号上网是指使用调制解调器和电话线（如果是 ISDN 拨号上网，则使用 ISDN 终端设备、ISDN 适配器和电话线），以拨号的方式将计算机连入 Internet。因此，在建立与 Internet 的连接之前，需要先安装和配置调制解调器，并且需要向 Internet 服务商申请一个账号。拨号上网的基本步骤如下：

① 向 ISP 提出申请，并获取上网的相关信息，如 IP 地址、邮件账号等。

② 安装和配置调制解调器。

③ 安装拨号适配器和 TCP/IP 协议。

④ 创建和配置连接。

⑤ 拨号上网。

ISDN 拨号上网与普通拨号上网基本相同。

（2）局域网上网。无论局域网以何种方式（专线或拨号）接入 Internet，用户均需要将本计算机加入局域网，然后才能访问 Internet 上的资源。通过局域网接入 Internet 的基本步骤如下：

① 安装网卡。

② 安装与配置 TCP/IP 协议。

③ 将本计算机加入局域网。

 实战任务

（1）如何让个人计算机通过 ADSL 上网？

家庭用户上网一般有两种方式，即专线接入和虚拟拨号接入，如图 6-9 所示。在家庭中实现某一台计算机虚拟拨号上网的操作步骤如下：

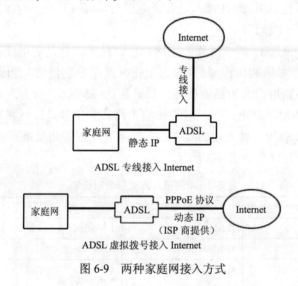

图 6-9　两种家庭网接入方式

① 向本地的电信（网通）提出申请，交费后获得上网拨号时使用的用户名与密码，以及其他相关信息。

② 准备好必要的网络设备，包括网线（双绞线）、网卡、ADSL 猫等。

双绞线（Twisted Pair Cable）是由两根相互绝缘的铜导线按照一定的规格互相缠绕在一起而成的网络传输介质。双绞线主要用来传输模拟信号，但同样适用于数字信号的传输，如图 6-10 所示。

对于现在的个人计算机来说，如果不需要多个 IP 地址，则不需要专门购置网卡，因为在主板中已经集成了网卡，其网络通信速度完全可以满足家庭上网的需求。

ADSL 猫即 ADSL 调制解调器，其作用是能够使计算机中的二进制数字信号与电话线中的模拟信号之间进行相互转换。ADSL 调制解调器有两种接口，分别接入双绞线的水晶头和电话线的水晶头，如图 6-11 所示。

③ 将个人计算机与以上的网络设备进行连接，如图 6-12 所示。

④ 对个人计算机进行新建连接的设置，其操作步骤如下：

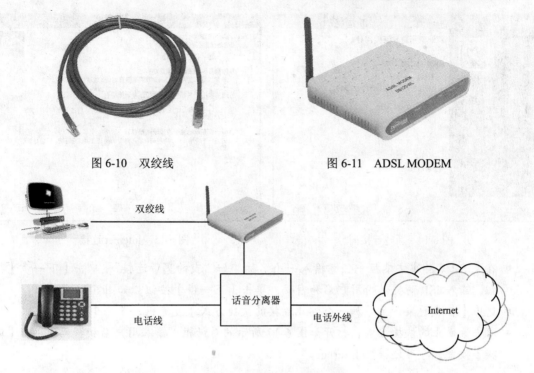

图 6-10 双绞线　　　　　　　　　图 6-11 ADSL MODEM

图 6-12 ADSL 拨号上网示意图

● 打开【控制面板】，选择【网络连接】，打开如图 6-13 所示的窗口。

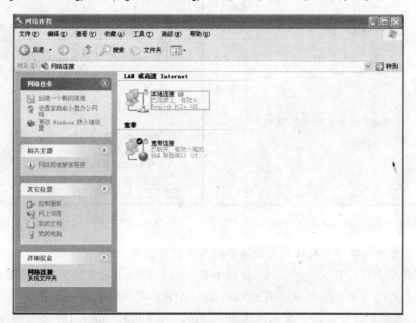

图 6-13 【网络连接】窗口

● 在窗口左边的【网络任务】下选择【创建一个新的连接】，打开如图 6-14 所示的新建连接向导。

● 单击【下一步】按钮，选择【连接到 Internet】→【手动设置我的连接】→【用要求用户名和密码的宽带连接来连接】，单击【下一步】按钮，如图 6-15 所示。

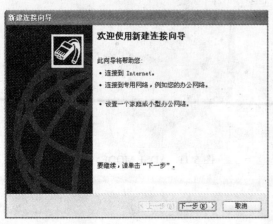 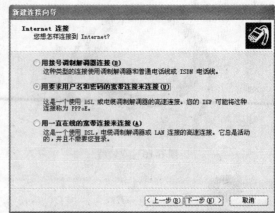

图 6-14 新建连接向导　　　　　　　　　　图 6-15 Internet 连接

- 在【ISP 名称】文本框中任意输入一个名称，如"我的宽带连接"，单击【下一步】按钮，输入 ISP 商提供的用户名和密码，单击【下一步】按钮，如图 6-16 所示。
- 选中【在我的桌面上添加一个到此连接的快捷方式】复选框，单击【完成】按钮。
- 双击桌面上的快捷方式，打开如图 6-17 所示的对话框，输入用户名和密码，单击【连接】按钮，即可连接到 Internet。

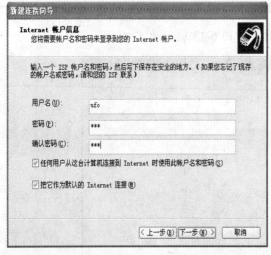

图 6-16 Internet 账户信息　　　　　图 6-17 【连接 宽带连接 2】对话框

（2）如何组建简单家庭局域网并使多台计算机同时上网？

要使家庭里多台计算机同时上网，方法和使一台计算机上网类似，其不同之处在于要先将多台计算机用路由器连接起来，再让路由器与 ADSL 调制解调器进行连接，如图 6-18 所示。每台计算机都要设置成允许其他网络用户通过此计算机的 Internet 连接来连接，如图 6-19 所示。

注意：在购买路由器时，要告知商家你的宽带账号和密码，让他帮你设置好里面的上网口令。路由器可以选择有线路由器或是无线路由器，有线路由器能够提供更流畅的上网环境，但计算机与路由器之间必须有网线连接，影响家里的环境；而无线路由器不需要网线连接，不会破坏家里的环境布置，但网速会稍微受到各种原因的影响，并且在购买时一定要让路由器商家对路由器的访问权限设置访问密码，这样就会防止别人盗用网速。

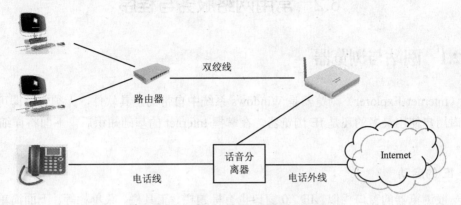

图 6-18　多台计算机上网连接示意图

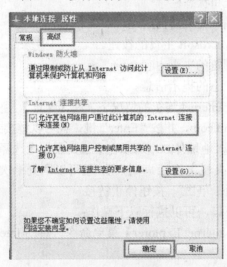

图 6-19　网络连接的设置

（3）如何设置笔记本电脑的无线上网？

① 笔记本电脑上一般都装有无线网卡，只需要安装好无线网卡驱动程序即可，该驱动程序在购买笔记本时附带的光盘里，也可以到网上搜索下载。

② 购买无线 MODEM。

③ 进行连接，如图 6-20 所示。

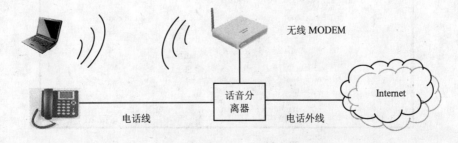

图 6-20　笔记本电脑无线上网连接示意图

6.2 常用网络服务与程序

6.2.1 网站与浏览器

IE（Internet Explorer）浏览器是 Windows 系统中自带的工具软件，无须安装即可使用，所以平时用户使用最多的还是 IE 浏览器，在掌握 Internet 的基础知识后，下面将详细介绍 IE 的使用。

1. IE 的启动

和一般浏览器的窗口相似，IE 7.0 窗口也有标题栏、工具栏、菜单栏等。下面简单介绍一下地址栏、链接栏、浏览框和状态栏。

- **地址栏**：该栏用于输入需要访问的地址和文件名。
- **链接栏**：包括几个 Microsoft 主页的按钮。
- **浏览框**：显示当前浏览的主页内容。
- **状态栏**：显示当前状态的提示信息。

在使用的计算机已经与 Internet 连接的情况下，在【地址】栏中输入网址，如 Microsoft 公司的网址 http://www.microsoft.com，并按 "Enter" 键，就可以链接到该主页。【地址】栏实际上是一个下拉列表框，除了输入地址外，也可以在下拉列表框中选择曾经浏览过的站点网址。

在浏览网页时，单击工具栏上的 后退 按钮，就可以回到上次浏览过的页面；单击 按钮可以返回后退之前的页面；单击 按钮停止链接。

如果要新建一个浏览窗口，可以执行以下操作：

（1）执行【开始】→【Internet Explorer】菜单命令，启动 Internet Explorer 7.0，如图 6-21 所示。

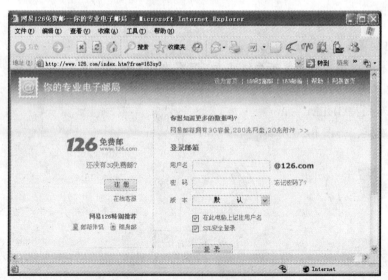

图 6-21　Internet Explorer 7.0

（2）执行【文件】→【新建】→【窗口】菜单命令。

执行完以上操作后，屏幕上就会出现原来窗口的一个复制窗口。这样，可以同时在两个窗口中进行浏览。此外，按"Ctrl＋N"组合键也可以打开一个与当前窗口完全相同的浏览窗口。

2．收藏与保存网页

（1）使用收藏夹。要把网页添加到收藏夹，可以执行如下操作：

① 打开要放入收藏夹的网页，执行【收藏】→【添加到收藏夹】菜单命令，打开如图 6-22 所示的对话框。也可以在要保存的网页上单击鼠标右键，在弹出的快捷菜单中选择【添加到收藏夹】选项，打开【添加到收藏夹】对话框。

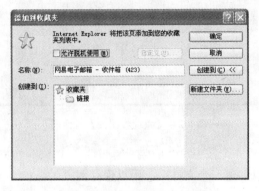

图 6-22 【添加到收藏夹】对话框

② 在【名称】文本框中输入文件名，在【创建到】列表框中选择该文件收藏的地址，如果没有显示【创建到】列表框，则单击【创建到】按钮。

③ 单击【新建文件夹】按钮，可以新建一个文件夹，以保存该网页。

④ 确定了收藏夹和文件名之后，单击【确定】按钮，即可把选定的网页保存到指定的位置。

把喜欢的网页添加到收藏夹，就可以非常方便地进行浏览。查看的方法非常简单，单击工具栏上的 ☆ 收藏夹按钮，会弹出【收藏夹】面板，如图 6-23 所示，列出了收藏夹中的网页，单击网页便可以打开相应的链接。

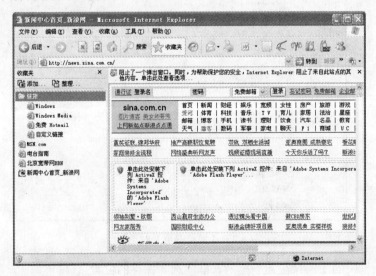

图 6-23 【收藏夹】面板

和整理目录一样，收藏夹也是需要整理的，其具体操作步骤如下：

① 执行【收藏】→【整理收藏夹】菜单命令，打开如图 6-24 所示的【整理收藏夹】对话框。

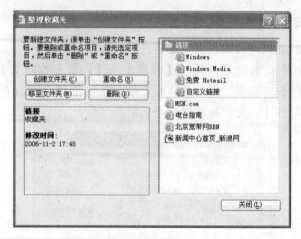

图 6-24 【整理收藏夹】对话框

② 在对话框上有以下 4 个按钮。

● **创建文件夹**：可以创建一个文件夹，用以保存网页。

● **移至文件夹**：可以移动选定的网页至新的位置。

● **重命名**：重新命名文件和文件夹。

● **删除**：删除选定的文件或文件夹。

（2）保存网页。使用 IE 7.0 可以非常方便地保存网页，其具体操作步骤如下：

① 选择需要保存的网页并打开，执行【文件】→【另存为】菜单命令，打开如图 6-25 所示的对话框。

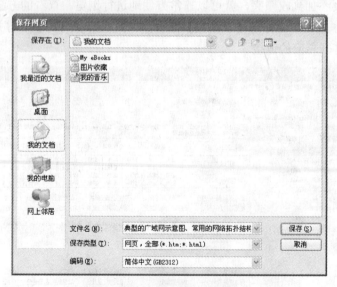

图 6-25 【保存网页】对话框

② 在对话框中的【保存在】下拉列表框中选择保存的位置。

③ 在【文件名】框内输入要保存文件的名字,在【保存类型】下拉列表框中选择一种文件类型。

④ 单击【保存】按钮,即可将选定内容保存到计算机上。

另外,也可以不打开网页将其快速保存,方法是在保存的链接上单击鼠标右键,在弹出的快捷菜单中选择【目标另存为】选项,打开【另存为】对话框,选择路径并输入文件名,就可以保存选定的链接。

3.下载文件与网络搜索

(1)使用网际快车下载工具。对于下载有两个问题,一是速度,二是下载后的管理,网际快车可以专门解决这两个问题。它把一个文件分成几个部分同时下载,以成倍提高下载速度。网际快车可以创建不限数目的文件类别,每个文件类别指定单独的存放目录,不同类别的文件保存到不同的目录中。同时,它还具有强大的下载前/后的文件管理功能。

① 文件下载。安装网际快车后运行程序,用户可以看到如图 6-26 所示的界面。

在显示器窗口的右上角会出现一个网际快车运行的半透明的状态图标,在下载文件时,该图标会显示下载的进度,方便查看,但是不影响对其他窗口的操作。将网际快车界面最小化后,它会自动缩为任务栏上的图标。右击任务栏上的网际快车图标,在弹出的快捷菜单中选择【退出】选项,即可退出该程序。

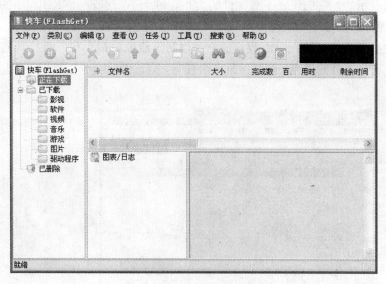

图 6-26　网际快车界面

实际下载文件时不需要先运行网际快车程序,操作步骤如下:

a.在 Web 页上找到下载文件的链接,单击鼠标右键,如果网际快车已经在系统中正确安装,那么就会弹出如图 6-27 所示的快捷菜单。

b.选择【使用快车(FlashGet)下载】选项,就会激活快车程序并弹出【添加新的下载任务】对话框,如图 6-28 所示。在这里用户可以指定下载文件的保存路径,或者对文件重命名,同时用户可以将一个文件分成几个部分进行下载,最多为 10 个部分。

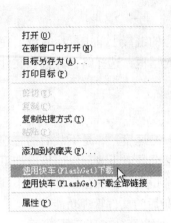

图 6-27 快捷菜单

图 6-28 【添加新的下载任务】对话框

    c. 设定好文件保存路径和文件分块后，单击【确定】按钮即可下载，其他的设定采用默认值。如果文件链接正常，就可以看到如图 6-29 所示的下载进度窗口，它监视着整个下载过程。在下载的任务列表中单击正在下载的任务，可以在窗口下部看到下载进度。下载进度是由很多小圆点表示的，它们代表下载文件的大小，每个小圆点表示 4KB 大小的数据，灰色代表还没有下载的部分，蓝色代表已经下载完的部分，红色代表正在下载的部分。拖动滚动条，可以看到文件被分成好几块同时下载。通常可以将下载窗口最小化，直接观察网际快车的状态图标就可以看到下载的进度，若是下载多个任务，则该图标会分别显示下载进度，如图 6-30 所示。

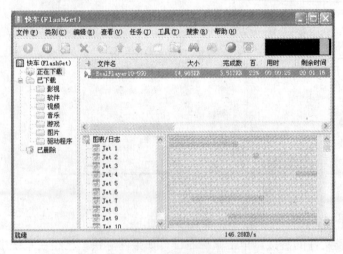

图 6-29 下载进度窗口

图 6-30 下载状态图标

    d. 在文件下载完毕后，程序会弹出一个通知对话框，告诉用户任务已经完成，单击【确定】按钮即可。

    ② 下载过程控制。在下载过程中，用户可以方便地进行控制，如删除该下载任务（删除任务的同时，已下载的部分也被删除）、暂停下载任务等。这些操作可以通过右击任务列表中的任务，在弹出的快捷菜单中完成，如图 6-31 所示，也可以单击工具栏上相应的按钮来完成。

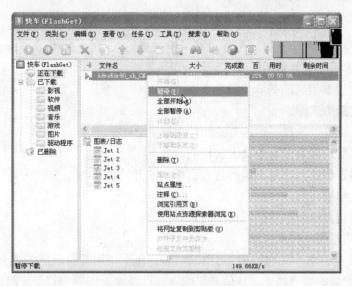

图 6-31　下载过程控制

在下载时，还可以具体查看每个数据块下载的信息，在【图表/日志】中任选一个下载引擎，如图 6-32 所示，则在旁边的窗口中会出现如图 6-33 所示的数据块信息，包括下载的起始时间、服务的类型、连接的种类、数据段的起始和终止地址。

　图 6-32　选择下载引擎　　　　　　　　　　图 6-33　数据块信息

除了上面介绍的功能外，网际快车还支持下载文件的病毒检查等其他强大的功能。

（2）网络搜索。搜索引擎实际上是网络上的一些特殊站点，这些站点的服务器建有大量的数据库，其中存放着大量的信息资源。搜索站点对外提供一个检索其数据库信息的软件，访问者能够使用该软件进行查询，得到所需的资源位置。

搜索引擎的使用方法是进入搜索网站以后，在【搜索】栏中输入要查找的关键字即可。这是使用搜索引擎最简单的方法，但往往搜索的结果不够理想。如果想要得到最佳的搜索效果，就需要使用搜索的基本语法来组织搜索条件。掌握搜索语法，并正确地使用可以提高搜索速度，得到满意的搜索结果。

用户要利用搜索引擎进行信息检索，首先必须通过合适的方式将自己检索的意愿表达出来。搜索表达式通过布尔逻辑运算符、截词运算符将多个关键词连在一起，描述复杂的查询条件，提供了表达用户检索意愿的途径。例如，要查找"计算机病毒"的"教材"，需要用搜索表达式"计算机病毒+教材"来表示。

搜索引擎中常见的逻辑关系语法是 AND、OR、NOT。一般情况下，在填写搜索关键词

时，AND 用 "&" 来表示，OR 用 "|" 来表示，NOT 用 "!" 来表示。例如，想要查找上海或北京的学校情况但不要大学资料，可在查找关键词处输入"（上海|北京）& 学校！大学"作为查询关键词（输入时引号不用写）。

在 Internet 上搜索信息的基本步骤如下：

① 确定要搜索的意图。

② 选择搜索引擎，选择描述这些意图的关键词。

③ 仔细阅读所选搜索引擎主页上的说明。

④ 建立搜索表达式，使用正确的搜索引擎语法开始搜索。

⑤ 查看搜索结果。

⑥ 在其他的搜索引擎中尝试同样的搜索。

下面介绍一些常用的搜索引擎。

① Google 搜索引擎。Google 搜索引擎是 Internet 上使用非常广泛的搜索工具，它搜集的信息资源主要是大量的站点地址，其信息组织方式已经被人们普遍接受。网站经过精心分类，组成基于列表的主题索引系统，每个主题又分为若干个子主题，以便挑选自己感兴趣的站点。

Google 还接受用户的随机查询，在【搜索】栏中输入要查找的单词或者短语，然后单击【Google 搜索】按钮，搜索结果就会出现在浏览区。Google 搜索引擎如图 6-34 所示。

图 6-34　Google 搜索引擎

② 新浪搜索引擎。新浪搜索引擎是国内比较大的搜索引擎，分类比较齐全，完全中文界面，与 Google 有很多相似之处。如果读者会使用 Google 搜索引擎，那么一定会使用新浪搜索引擎。而且，新浪不只有搜索引擎，还有其他的很多项目，因此是一个比较大的门户网站。新浪搜索引擎如图 6-35 所示。

目前，国内还有若干其他的搜索引擎，功能和使用方法大致相似。

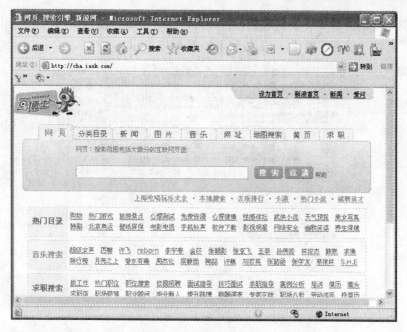

图 6-35　新浪搜索引擎

6.2.2　电子邮件

电子邮件（E-mail，Electronic mail）是利用计算机网络的通信功能实现信件传输的一种技术，是 Internet 上最广泛的应用之一。电子邮件具有许多独特的优点，实现了信件的收、发、读、写的全部电子化，不但可以收发文本，还可以收发声音、影像，更重要的是通过电子邮件可以参与 Internet 上的讨论。电子邮件传送快捷，发往世界各地的邮件可在几秒内收到，而且收费低廉。

在 Internet 上有许多处理电子邮件的计算机，称为邮件服务器。发送邮件的服务器遵循简单邮件传输协议（SMTP，Simple Mail Transfer Protocol），称为 SMTP 服务器；而接收邮件的服务器遵循邮局协议（POP3，Post Office Protocol Version 3），称为 POP3 服务器，用户的邮件存放在网站的邮件服务器上。

用户必须拥有 Internet 服务商提供的邮箱账户、口令，才能接收电子邮件。现在很多 ISP 提供免费电子邮箱服务，可以直接申请使用。

1．电子邮件的格式

电子邮件的地址结构为：用户名@计算机名.组织机构名.网络名.最高层域名。

用户名就是用户在站点主机上使用的登录名，@表示 at（中文"在"的意思），其后是使用的计算机名和计算机所在域名。例如，wang@public.zz.ha.cn，表示用户名 wang 在中国（cn）河南（ha）郑州（zz）CHINANET 服务器上的电子邮件地址。

2．电子邮件的申请

下面以搜狐网站的免费邮箱为例，讲解电子邮件的申请过程。

（1）打开搜狐网站，如图 6-36 所示。

（2）单击【注册免费邮件】超链接，打开用户名注册框，输入用户名，该用户名必须是别人没有使用过的，然后单击【go!】按钮，如图 6-37 所示。

图 6-36　搜狐网站

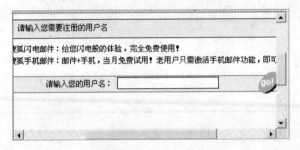

图 6-37　用户名注册框

（3）在弹出的申请表中，填写用户资料，如图 6-38 所示，设置密码提示问题和答案，以防以后忘记密码，填完后，单击【确定】按钮。

图 6-38　填写用户资料

（4）注册成功，弹出注册成功消息框，如图 6-39 所示。

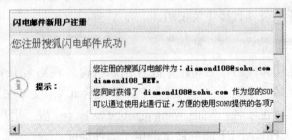

图 6-39　注册成功消息框

3．收发电子邮件

电子邮件的收发都是通过网站的邮件服务器来完成的，邮件在没有彻底删除之前，一直保存在邮件服务器上，不会随着本地计算机的关闭而丢失。在实战任务中使用申请的邮箱，进行电子邮件的发送和接收。

实战任务

（1）打开申请邮箱的网站（如搜狐网站），将邮箱的用户名和密码填入规定的编辑框，单击【登录】按钮，如图6-40所示。

图6-40 登录邮箱

（2）登录后进入邮箱，可以看到邮箱中的邮件情况，如图6-41所示，【未读邮件（1）】表示邮箱里有未阅读的新邮件1封，【收件箱（1）】表示邮箱中的所有邮件数目为1封。

图6-41 邮箱信息

（3）单击【收件箱】按钮，可以查看接收的邮件信息，单击邮件主题即可进行邮件阅读。阅读完邮件后，可以对邮件进行回复、转发、删除等操作，如图6-42所示。

图6-42 邮件信息

（4）单击【写信】按钮，出现发送邮件界面，如图6-43所示。这里可以书写邮件，在【收件人】中填写接收人的电子邮箱地址，在【标题】中填写信件的主题。信件的主题可以提示收件人信件的信息，尤其在现在，垃圾邮件太多，主题可以起到区别不同邮件的作用。【抄送】和【暗送】编辑栏中填写要同时发送给多人时的每个人的邮箱，区别之处是，抄送时每个接收者都知道该邮件同时发给了哪几个人，暗送却不知道。【正文】中编写信件内容，写完后，单击【发信】按钮，即可以将信件发送出去。还可以将写好的信件保存到【发件箱】中，待需要时发送或者按照指定日期定时自动发送。

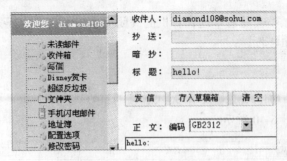

图 6-43　发送邮件界面

综 合 练 习

一、选择题

1. 下列属于网络功能的是＿＿＿＿＿＿。
   A．资源共享　　　B．节省时间　　　C．操作简单　　　D．可靠性高

2. Internet 是＿＿＿＿＿＿。
   A．局域网　　　B．互联网　　　C．企业网　　　D．内部网

3. 网址中的 http 指的是＿＿＿＿＿＿。
   A．超文本传输协议　　　　　　　B．文件传输协议
   C．计算机主机域名　　　　　　　D．TCP/IP 协议的简称

4. 使用拨号上网的用户必须使用＿＿＿＿＿＿。
   A．调制解调器　　B．Internet Explorer　　C．鼠标　　　D．CD-ROM

5. 计算机网络的最大特点是＿＿＿＿＿＿。
   A．精度高　　　B．资源共享　　　C．运算速度快　　　D．存储容量大

6. 互联网引进了超文本的概念，超文本是指＿＿＿＿＿。
   A．包含多种文本　　　　　　　　B．包含图像的文本
   C．包含多种颜色的文本　　　　　D．包含超链接的文本

7. 关于进入网站，下列说法正确的是 ＿＿＿＿＿＿。
   A．只能输入 IP　　　　　　　　B．需同时输入 IP 和域名
   C．只能输入域名　　　　　　　　D．可以输入 IP 也可以输入域名

8. 计算机接入互联网不可缺少的组件是＿＿＿＿＿＿。
   A．网卡　　　B．声卡　　　C．视频卡　　　D．多媒体卡

9. 浏览网页必须使用浏览器，下列软件可以浏览网页的是＿＿＿＿＿。
   A．IE　　　B．Photoshop　　　C．3ds max　　　D．Outlook

10. 在发送邮件时，如果对方没有开机接收，则邮件会＿＿＿＿＿。
    A．开机时再发送　　　　　　　　B．丢失
    C．退给发件人　　　　　　　　　D．保存在网站的服务器上

11. 局域网常用的基本拓扑结构有＿＿＿＿＿、环型和星型。
    A．层次型　　　B．总线型　　　C．交换型　　　D．分组型

12. Internet 的通信协议是_____。
　　A．X.25　　　　　B．CSMA/CD　　　　C．TCP/IP　　　　D．CSMA
13. 每个 C 类 IP 地址包含_____个主机号。
　　A．256　　　　　B．1 024　　　　　　C．24　　　　　　D．2
14. 目前，互联网上最主要的服务方式是_____。
　　A．E-mail　　　　B．WWW　　　　　　C．FTP　　　　　D．CHAT

二、判断题

1. 电子邮件必须借助互联网才能够完成邮件收发。
2. 个人计算机可以通过 ADSL 接入互联网。
3. 个人计算机插入网卡并进行必要的设置后才可以上网。
4. Internet 上使用的规则是 HTTP 协议。
5. 调制解调器是局域网中必不可少的设备之一。

三、实操练习

1. 将自己喜欢的整个页面保存为文件，然后选择页面中的文字、图片、动画或其他的部分内容分别保存为单个文件，要求将文件保存到自己新建的文件夹中。

2. 使用下载工具软件网络蚂蚁 Netants 进行文件下载，要求将文件保存到自己新建的文件夹中。

3. 使用 Outlook Express 进行邮件账号设置，执行发送、接收电子邮件，管理电子邮件等基本操作。

4. 使用搜索引擎进行网站的快速搜索，并要求自行选择相应的关键字进行搜索，例如输入关键字"经济+艺术"、"打印机，显示器，内存"等进行搜索。

第 7 章

常用软件的应用

现在数码相机普及了，手机也有了照相、摄像功能，大家一定很想把美丽的瞬间都记录下来，虽然数码相机有了随时预览的功能，但是总会有些照片存在缺陷，如何弥补照片的缺陷，美化照片并管理照片呢，这里介绍几个软件来满足大家的需求。

7.1　文件的压缩与解压缩

WinRAR 主要有以下功能：

（1）支持鼠标拖放及外壳扩展，完美支持 ZIP 档案。

（2）内置程序可以解开 CAB、ARJ、LZH、TAR、GZ、ACE、UUE、BZ2、JAR、ISO 等多种类型的压缩软件。

（3）具有估计压缩功能，可以在压缩文件之前得到用 ZIP 和 RAR 两种压缩工具在 3 种压缩方式下的大概压缩率。

（4）具有历史记录和收藏夹功能。

（5）具有固定压缩、多媒体压缩、多卷自释放压缩等特殊的功能。

下面就对它的主要功能进行详细的介绍。

7.1.1　压缩文件

用 WinRAR 压缩文件的方式有 3 种，即从 WinRAR 图形界面压缩文件，从命令行压缩文件，在资源管理器或桌面压缩文件。由于从命令行压缩文件的方式不常用，因此下面只介绍其他两种方式的操作方法。

1．从 WinRAR 图形界面压缩文件

（1）执行【开始】→【所有程序】→【WinRAR】→【WinRAR】菜单命令，会弹出 WinRAR 主界面，如图 7-1 所示。

（2）选择要压缩的文件。可以在工具栏的分区列表中选择，或者单击左下角的【分区】图标 来改变分区，然后选择该分区内需要压缩的文件，如图 7-2 所示。

（3）在选择一个或多个文件后，单击工具栏中的【添加】按钮，或是按下"Alt+A"组合键，也可以执行【命令】→【添加文件到压缩文件中】菜单命令，弹出如图 7-3 所示的对

话框。

图 7-1　WinRAR 主界面

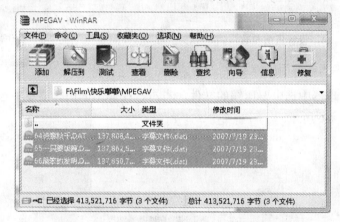

图 7-2　选择文件

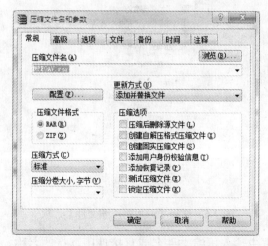

图 7-3　【压缩文件名和参数】对话框

　　（4）在对话框中输入压缩文件名或者是直接使用默认文件名，还可以设置新建压缩文件的格式（RAR 或 ZIP）、压缩方式、分卷大小和其他一些压缩参数，如图 7-4 所示。

　　（5）当准备好创建压缩文件时，单击【确定】按钮。在压缩期间，会弹出一个窗口显示操作的情况，如图 7-5 所示。如果希望结束命令的进行，可以单击【取消】按钮；单击【后台】按钮，可以将 WinRAR 最小化到任务栏。

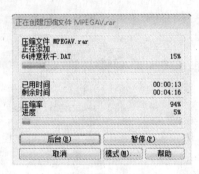

图 7-4　设置压缩参数　　　　　　　　　　　图 7-5　操作情况

2．在资源管理器或桌面压缩文件

（1）在资源管理器中选中要压缩的文件，右击，在弹出的快捷菜单中选择【添加到压缩文件】选项，如图 7-6 所示。

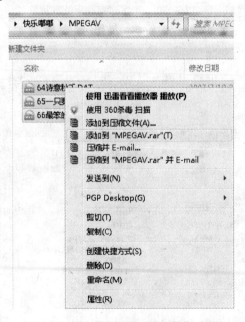

图 7-6　选择【添加到压缩文件】选项

（2）在弹出的对话框中输入压缩文件名或直接使用默认的名称。同样，在对话框中还可以设置新建压缩文件的格式（RAR 或 ZIP）、压缩方式、分卷大小和其他一些压缩参数。

（3）当准备好创建压缩文件时，单击【确定】按钮。创建好的压缩文件将被放在同一个文件夹下，并被当做当前选中的文件，如图 7-7 所示。

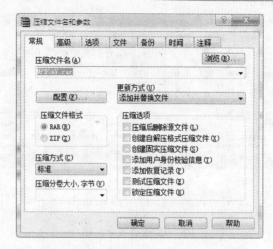

图 7-7 创建的压缩文件

7.1.2 解压缩文件

与压缩文件类似，解压缩文件也有从 WinRAR 图形界面解压文件、从命令行解压文件、在资源管理器或桌面解压文件这 3 种方式。

1. 从 WinRAR 图形界面解压文件

（1）在 WinRAR 窗口中选中需要解压的文件，如图 7-8 所示，然后双击该文件或按"Enter"键。

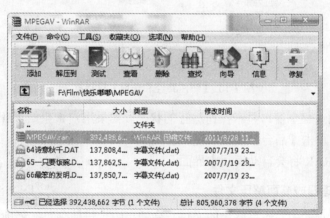

图 7-8 选中解压的文件

（2）当压缩文件在 WinRAR 中打开时，它的内容就会显示出来。然后选择要解压的文件和文件夹（包含在压缩文件中的），可以使用"Shift+方向键"或在按"Shift"键的同时单击鼠标左键多选，也可以在 WinRAR 中用"Space"键或"Ins"键来选择文件，如图 7-9 所示。

（3）在选择了一个或多个文件后，单击工具栏中的【解压到】按钮，或是按下"Alt+E"组合键，此时会弹出一个对话框，如图 7-10 所示，在该对话框中输入或选择目标文件夹，单击【确定】按钮即可。

图 7-9 选择多个文件

图 7-10 【解压路经和选项】对话框

解压期间会出现一个窗口显示操作进行的状况。如果用户希望结束解压的进行，可以单击【取消】按钮；单击【后台】按钮，可以将 WinRAR 最小化到任务栏。如果解压完成后没有出现错误，WinRAR 将会自动返回主界面。

2. 在资源管理器或桌面解压文件

（1）在资源管理器中右击要解压的文件，会弹出一个快捷菜单，如图 7-11 所示。

（2）选择【解压文件】选项，将弹出一个对话框，如图 7-12 所示，在对话框中输入目标文件夹并单击【确定】按钮。

7.1.3 分卷压缩文件

通常，分卷压缩在将大型的压缩文件保存到某个磁盘或是可移动磁盘时使用。分卷压缩是拆分文件的一部分，并且仅支持 RAR 压缩文件格式。

图 7-11　选择【解压文件】选项

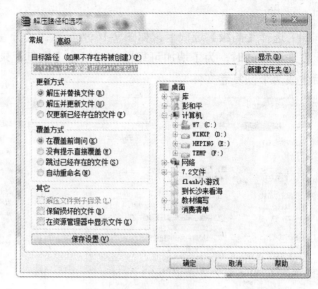

图 7-12　输入目标文件夹

（1）运行 WinRAR，在分区列表中选择相应的分区，然后再选中需要进行分卷压缩的文件夹，如图 7-13 所示。

（2）右击该文件夹，在弹出的快捷菜单中选择【添加到压缩文件】选项或直接按 "Alt+A" 组合键，将弹出一个对话框，如图 7-14 所示。

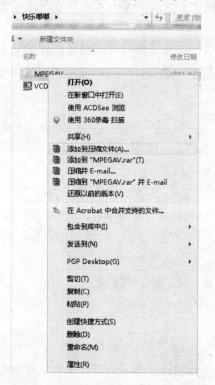

图 7-13　选择要进行分卷压缩的文件夹

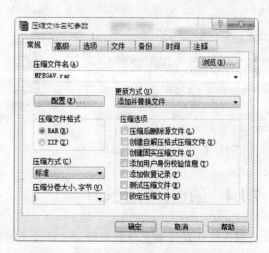

图 7-14　【压缩文件名和参数】对话框

（3）在该对话框中输入压缩文件名或者使用默认文件名，然后在【压缩分卷大小，字节】下拉列表框里选择【3.5"：1457664】选项（意思是压缩后分卷文件大小是 1.44MB，适合软盘），如图 7-15 所示。

（4）选择【高级】选项卡，如图 7-16 所示，在【分卷】中选中【每个分卷操作完之后暂停】复选框。同时，为了增加可靠性，可以在【恢复记录】框中选择或输入"2"（意思是压缩后生成两个恢复卷文件）。

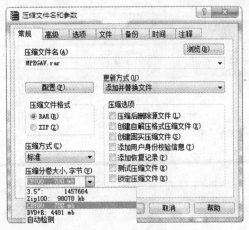

图 7-15 设置分卷大小和字节

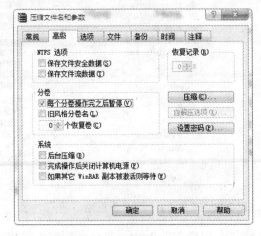

图 7-16 【高级】选项卡

（5）全部选择完成后，单击【确定】按钮生成分卷压缩文件和恢复卷文件。在执行过程中，系统会经常提示是否创建下一个分卷，如图 7-17 所示，单击【创建】按钮继续进行，如果不想再出现此提示对话框，单击【全部创建】按钮即可。最后生成的 5 个分卷文件和 2 个恢复卷文件，如图 7-18 所示。

恢复卷文件的作用是能够重新构建任意损坏或丢失的分卷压缩文件。如果损坏或丢失的 RAR 分卷文件（也包含恢复卷文件）的数量不超过恢复卷的数量，就可以利用剩下的恢复卷将损坏或丢失的分卷文件构造出来。

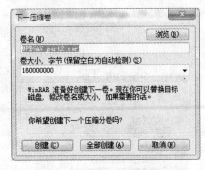

图 7-17 【下一压缩卷】对话框

图 7-18 显示压缩结果

7.1.4 创建自解压文件

自解压文件是压缩文件的一种，它结合了可执行文件模块，是一种用以运行从压缩文件中解压文件的模块。这样的压缩文件不需要外部程序来解压自解压文件的内容，它自己便可以运行该项操作。

如果你要将压缩文件传给某一个人，但却不知道他是否有该压缩程序时，就可以创建一个自解压文件。

（1）在 WinRAR 主界面选择需要压缩的文件。

（2）单击【添加】按钮，在弹出的【压缩文件名和参数】对话框中选中【创建自解压格式压缩文件】复选框，如图 7-19 所示，然后单击【确定】按钮即可。

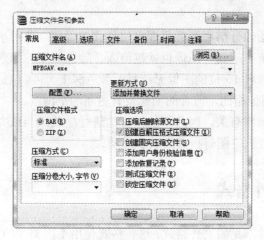

图 7-19　【压缩文件名和参数】对话框

（3）如果要将已存在的压缩文件转换为自解压文件，执行【工具】→【压缩文件转换为自解压格式】菜单命令，或直接按"Alt+X"组合键，如图 7-20 所示，然后会弹出一个对话框，单击【确定】按钮即可。

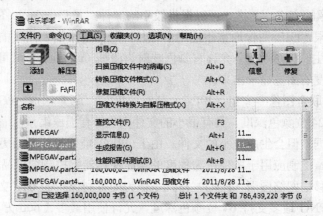

图 7-20　执行菜单命令

7.2　多媒体文件的应用

7.2.1　图片

使用数字图像时，可能会遇到两种主要的图形类型，即位图和矢量图形。位图图形也称为光栅图形,由排列为矩形网格形式的小方块(像素)组成。矢量图形由以数学方式生成的几何形状(如直线、曲线和多边形)组成。

位图图像用图像的宽度和高度来定义,以像素为量度单位,每个像素包含的位数表示像素包含的颜色数。在使用 RGB 颜色模型的位图图像中,像素由 3 个字节组成,即红、绿和蓝。每个字节包含一个 0~255 之间的值,将字节与像素合并时,它们可以产生与艺术混合绘画颜色相似的颜色。例如,一个包含红色字节值 255、绿色字节值 102 和蓝色字节值 0 的像素可以形成明快的橙色。

位图图像的品质由图像分辨率和颜色深度位值共同确定。分辨率与图像中包含的像素数有关。像素数越大,分辨率越高,图像也就越清晰。颜色深度与像素可包含的信息量有关。例如,颜色深度值为每像素 16 位的图像无法显示颜色深度为 48 位的图像所具有颜色数。因此,48 位图像与 16 位图像相比,前者的阴影具有更高的平滑度。

由于位图图像与分辨率有关,因此不能很好地进行缩放。当放大位图图像时,这一特性显得尤为突出。通常,放大位图有损其细节和品质。

7.2.2　位图文件格式

位图图像可分为几种常见的文件格式,这些格式使用不同类型的压缩算法减小文件大小,并基于图像的最终用途优化图像品质。常见的位图格式如下:

(1)BMP。BMP(位映射)格式是 Microsoft Windows 操作系统使用的默认图像格式。这种格式不使用任何形式的压缩算法,因此文件通常较大。

(2)GIF。图形交换格式(GIF)最初由 CompuServe 于 1987 年开发,作为一种传送 256 色(8 位颜色)图像的方式。此格式可以提供较小的文件,是基于 Web 图像的理想格式。受此格式的调色板所限,GIF 图像通常不适用于照片,照片通常需要高度的阴影和颜色渐变,而 GIF 图像允许产生一位透明度,允许将颜色映射为清晰(或透明),这可以使网页的背景颜色通过已映射透明度的图像显示出来。

(3)JPEG。由联合图像专家组(JPEG)开发,JPEG(通常写成 JPG)图像格式使用有损压缩算法,允许 24 位颜色深度,具有很小的文件大小。有损压缩意味着每次保存图像都会损失图像品质和数据,但会生成更小的文件。由于 JPEG 能够显示数百万计的颜色,因此它是照片的理想格式。控制应用于图像压缩程度的功能使你能够控制图像品质和文件大小。

(4)PNG。可移植网络图形(PNG)格式是作为受专利保护的 GIF 文件格式的开放源替代格式而开发的。PNG 最多支持 64 位颜色深度,允许使用最多 1 600 万种颜色。由于 PNG 是一种比较新的格式,因此一些旧版本的浏览器不支持 PNG 文件。与 JPG 不同,PNG 使用无损压缩,这意味着保存图像时不会丢失图像数据。PNG 文件还支持 Alpha 透明度,允许使用最多 256 级透明度。

(5)TIFF。标签图像文件格式(TIFF)是在引入 PNG 之前的首选跨平台格式。TIFF 格式的缺点是,因为 TIFF 有多种不同版本,但没有一种阅读器能够处理所有版本。此外,所有 Web 浏览器当前均不支持这种格式。TIFF 可以使用有损或无损压缩,能够处理特定于设备的颜色空间(如 CMYK)。

7.2.3　ACDSee 软件

1．编辑图片

日常的数码相机会产生大量的照片，制作网页等创作工作也需要使用大量的素材图片，如果不需要特别的效果，只进行常规的图片处理工作，则可以直接用 ACDSee 处理。

选择所需图片，单击工具栏中的【编辑图像】按钮，在这里可以进行图片尺寸调整、添加文本、裁剪、旋转照片等操作。如果对图片的颜色不太满意，还可以进行曝光、阴影/高光、颜色、锐化、噪点等效果调整，如图 7-21 所示。

图 7-21　编辑图像

执行这些操作都是非常简单的，下面做一个简单的效果示范，为图片添加一种特别的涂鸦效果。

该软件的【效果】选项类似于 Photoshop 中的滤镜，提供了 30 多种特殊效果，如边缘、光、绘画、浮雕、像素化等。在【选择一个类别】中选择【全部效果】选项，即可看到软件内置的全部效果，鼠标双击效果即可执行，如图 7-22 所示。

2．制作 Flash 动画

现在在博客、网页中插入 Flash 动画是非常普遍的一件事情，定位到需要处理的照片文件夹，在窗口中选择所需图片，执行【创建】→【创建幻灯片】菜单命令，弹出【创建幻灯放映向导】对话框，如图 7-23 所示。

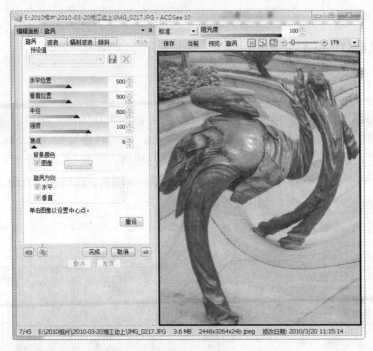

图 7-22　效果

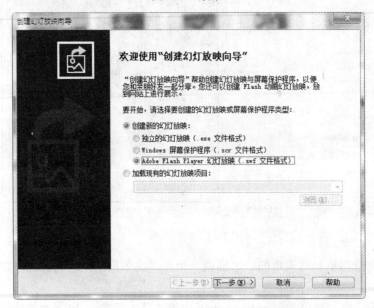

图 7-23　【创建幻灯放映向导】对话框

　　在对话框中选择幻灯片的类型为【Adobe Flash Player 幻灯放映（.swf 文件格式）】，单击【下一步】按钮，开始选择图像，由于一开始就选择了所需图片，所以不需要再次添加，也可以对图像进行调整，如图 7-24 所示。

　　然后设置转场，最终生成的 Flash 动画效果是否出色主要就看这里如何设置。我们需要为每一张图片选择一个转场效果，软件内置有淡入淡出、仓门、光圈、拉伸、滑移等效果。如果需要设置的照片很多，可以在对话框中选中【全部应用】复选框，就能实现效果的批量添加，如图 7-25 所示。

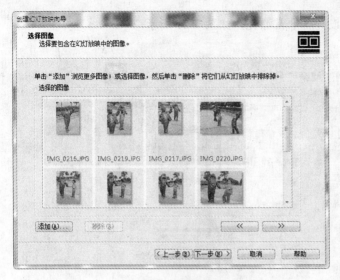

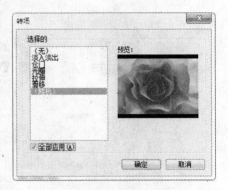

图 7-24　选择图像　　　　　　　　图 7-25　设置转场

单击【下一步】按钮，设置幻灯片选项，由于幻灯片是在网页中使用的，所以选择播放方式为自动，选中【自动重复播放幻灯片】复选框，单击【下一步】按钮继续。

设置文件选项，设置 Flash 尺寸，为了保证最终效果，需按照图片的实际尺寸设置（最好提前将所需图片的尺寸都统一起来），如果部分图像的尺寸不相符，可以选中【根据 Flash 区域拉伸图像】复选框，如图 7-26 所示。最后设置输出的 SWF 文件的目录及工程文件目录，单击【完成】按钮即可。

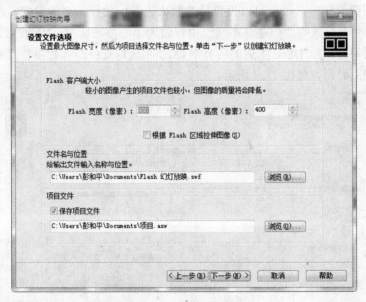

图 7-26　设置文件选项

在网页编辑工具中将生成的 SWF 文件插入，即可为网页添加一个漂亮的 Flash 相册。

3. 创建 HTML 相册

先选择所需的照片，执行【创建】→【创建 HTML 相册】菜单命令，软件目前内置了 9

组不同风格的网页样式，这些相册的设计都非常漂亮，如图 7-27 所示。

图 7-27　创建 HTML 相册

为了保持 HTML 相册的整体风格，实际上可供用户修改的 HTML 相册参数很少，如果不追求一些个性化的东西，可以直接单击【生成相册】按钮生成效果。需要做自定义设置的用户，单击【下一步】按钮继续。用户可以根据提示添加效果，如图库标题、页眉、页脚、输出文件夹等。

在缩图与图像设置中，虽然可以设置的参数比较多，如行、列的设置，缩略图的尺寸、格式，图片的尺寸、格式等，但是并不建议用户做大幅的参数修改，因为这涉及 HTML 相册输出的整体效果问题。ACDSee 生成的所有 HTML 相册均支持幻灯片播放模式，所以用户还可以自行设置间隔时间，如图 7-28 所示。

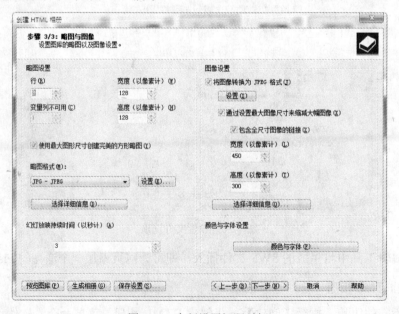

图 7-28　自行设置间隔时间

7.2.4　音频与视频

1．本地影像视频

（1）AVI 格式。它的英文全称为 Audio Video Interleaved，即音频视频交错格式。它于 1992 年被 Microsoft 公司推出，随 Windows 3.1 一起被人们认识和熟知。所谓音频视频交错，就是可以将视频和音频交织在一起进行同步播放。这种视频格式的优点是图像质量好，可以跨多个平台使用；其缺点是体积过于庞大，而且压缩标准不统一，最普遍的现象就是高版本 Windows 媒体播放器播放不了采用早期编码编辑的 AVI 格式视频，而低版本 Windows 媒体播放器又播放不了采用最新编码编辑的 AVI 格式视频。所以在进行一些 AVI 格式的视频播放时，常会出现由于视频编码问题而造成的视频不能播放，或即使能够播放，但存在不能调节播放进度和播放时只有声音没有图像等一些莫名其妙的问题。如果用户在进行 AVI 格式的视频播放时遇到了这些问题，可以通过下载相应的解码器来解决。

（2）MPEG 格式。它的英文全称为 Moving Picture Expert Group，即运动图像专家组格式，VCD、SVCD、DVD 就是这种格式。MPEG 文件格式是运动图像压缩算法的国际标准，它采用了有损压缩方法减少了运动图像中的冗余信息，即 MPEG 的压缩方法依据是相邻两幅画面绝大多数是相同的，把后续图像和前面图像中有冗余的部分去除，从而达到压缩的目的（其最大压缩比可达到 200:1）。目前，MPEG 格式有 3 个压缩标准，即 MPEG-1、MPEG-2 和 MPEG-4，另外，MPEG-7 与 MPEG-21 仍处在研发阶段。

- MPEG-1：制定于 1992 年，它是针对 1.5Mbps 以下数据传输率的数字存储媒体运动图像及其伴音编码而设计的国际标准。也就是我们通常所见到的 VCD 制作格式。使用 MPEG-1 的压缩算法，可以把一部 120 分钟长的电影压缩到 1.2GB 左右。这种视频格式的文件扩展名包括.mpg、.mlv、.mpe、.mpeg 及 VCD 光盘中的.dat 等。
- MPEG-2：制定于 1994 年，设计目标为高级工业标准的图像质量及更高的传输率。这种格式主要应用在 DVD/SVCD 的制作（压缩）方面，同时在一些 HDTV（高清晰电视广播）和一些高要求视频编辑、处理上面也有很大的应用。使用 MPEG-2 的压缩算法，可以把一部 120 分钟长的电影压缩到 4～8GB 大小。这种视频格式的文件扩展名包括.mpg、.mpe、.mpeg、.m2v 及 DVD 光盘上的.vob 等。
- MPEG-4：制定于 1998 年，MPEG-4 是为播放流式媒体的高质量视频而专门设计的，它可利用很窄的带度，通过帧重建技术，压缩和传输数据，以求使用最少的数据获得最佳的图像质量。目前，MPEG-4 最有吸引力的地方在于它能够保存接近于 DVD 画质的小体积视频文件。另外，这种文件格式还包含了以前 MPEG 压缩标准所不具备的比特率的可伸缩性、动画精灵、交互性、版权保护等一些特殊功能。这种视频格式的文件扩展名包括.asf、.mov、DivX AVI 等。

提示：细心的用户一定注意到了，这中间没有 MPEG-3 编码，实际上，大家熟悉的 MP3 就是采用的 MPEG-3（MPEG Layeur3）编码。

（3）MOV 格式。美国 Apple 公司开发的一种视频格式，默认的播放器是苹果的 QuickTimePlayer。具有较高的压缩比率和较完美的视频清晰度等特点，但是其最大的特点还是跨平台性，即不仅能支持 MacOS，同样也能支持 Windows 系列。

2. 网络影像视频

（1）ASF 格式。它的英文全称为 Advanced Streaming Format，是微软为了和现在的 Real Player 竞争而推出的一种视频格式，用户可以直接使用 Windows 自带的 Windows Media Player 对其进行播放。由于它使用了 MPEG-4 的压缩算法，所以压缩率和图像的质量都很不错（高压缩率有利于视频流的传输，但图像质量肯定会有所损失，所以有时 ASF 格式的画面质量不如 VCD）。

（2）WMV 格式。它的英文全称为 Windows Media Video，是微软推出的一种采用独立编码方式，并且可以直接在网上实时观看视频节目的文件压缩格式。WMV 格式的主要优点包括本地或网络回放、可扩充的媒体类型、部件下载、可伸缩的媒体类型、流的优先级化、多语言支持、环境独立性、丰富的流间关系、扩展性等。

（3）RM 格式。Real Networks 公司制定的音频视频压缩规范称为 Real Media，用户可以使用 Real Player 或 RealOne Player 对符合 Real Media 技术规范的网络音频/视频资源进行实况转播，并且 Real Media 可以根据不同的网络传输速率制定出不同的压缩比率，从而实现在低速率的网络上进行影像数据的实时传送和播放。这种格式的另一个特点是用户使用 RealPlayer 或 RealOne Player 播放器可以在不下载音频/视频内容的条件下实现在线播放。另外，RM 作为目前主流的网络视频格式，还可以通过其 Real Scrver 服务器将其他格式的视频转换成 RM 视频，并由 Real Server 服务器负责对外发布和播放。RM 格式和 ASF 格式可以说各有千秋，通常 RM 视频更柔和一些，而 ASF 视频则相对清晰一些。

（4）RMVB 格式。这是一种由 RM 视频格式升级延伸出的新视频格式，它的先进之处在于 RMVB 视频格式打破了原先 RM 格式那种平均压缩采样的方式，在保证平均压缩比的基础上合理利用比特率资源，即静止和动作场面少的画面场景采用较低的编码速率，这样可以留出更多的带宽空间，而这些带宽会在出现快速运动的画面场景时被利用。这样在保证了静止图像画面质量的前提下，大幅地提高了运动图像的画面质量，从而图像质量和文件大小之间就达到了微妙的平衡。另外，相对于 DVDrip 格式，RMVB 视频有着较明显的优势，一部大小为 700MB 左右的 DVD 影片，如果将其转录成同样视听品质的 RMVB 格式，其大小可以缩小为 400MB 左右。这种视频格式还具有内置字幕和无需外挂插件支持等独特优点，可以使用 RealOne Player 2.0 或 RealPlayer 8.0 加 RealVideo 9.0 以上版本的解码器形式进行播放。

3. 音频格式

（1）MIDI。MIDI（Musical Instrument Digital Interface）允许数字合成器和其他设备交换数据。MID 文件格式由 MIDI 继承而来。MID 文件并不是一段录制好的声音，而是记录声音的信息，然后在"告诉"声卡如何再现音乐的一组指令。这样一个 MIDI 文件每存储 1 分钟的音乐只用大约 5～10KB。MID 文件主要用于原始乐器作品、流行歌曲的业余表演、游戏音轨、电子贺卡等。＊.mid 文件重放的效果完全依赖声卡的档次。＊.mid 格式的最大用处是在计算机作曲领域，它可以用作曲软件写出，也可以通过声卡的 MIDI 口把外接音序器演奏的乐曲输入计算机里，制成 ＊.mid 文件。

（2）MP3。MP3 的全称是 Moving Picture Experts Group Audio Layer III。简单地说，MP3 就是一种音频压缩技术，由于这种压缩方式的全称为 MPEG Audio Layer 3，所以人们把它简

称为 MP3。MP3 是利用 MPEG Audio Layer 3 的技术，将音乐以 1:10 甚至 1:12 的压缩率，压缩成容量较小的文件，换句话说，能够在音质丢失很小的情况下把文件压缩到更小的程度，而且还非常好得保持原来的音质。正是因为 MP3 体积小、音质高的特点使得 MP3 格式几乎成为网上音乐的代名词。每分钟音乐的 MP3 格式只有 1MB 左右大小，这样每首歌的大小只有 3～4MB。使用 MP3 播放器对 MP3 文件进行实时的解压缩（解码），这样，即可播放高品质的 MP3 音乐。

（3）WMA。WMA（Windows Media Audio）格式是来自于微软的重量级产品，音质要强于 MP3 格式，更远胜于 RA 格式。它和日本 YAMAHA 公司开发的 VQF 格式一样，是以减少数据流量但保持音质的方法来达到比 MP3 压缩率更高的目的。WMA 的压缩率一般都可以达到 1：18 左右，WMA 的另一个优点是内容提供商可以通过 DRM（Digital Rights Management）方案，如 Windows Media Centers Manager 7 加入防复制保护。这种内置了版权保护技术可以限制播放时间和播放次数，甚至播放的机器等，另外 WMA 还支持音频流（Stream）技术，适合在网络上在线播放。作为微软抢占网络音乐的开路先锋，可以说是技术领先、风头强劲，更方便的是不用像 MP3 那样需要安装额外的播放器，而 Windows 操作系统和 Windows Media Player 的无缝捆绑使得只要安装了 Windows 操作系统就可以直接播放 WMA 音乐，新版本的 Windows Media Player 7.0 更是增加了直接把 CD 光盘转换为 WMA 声音格式的功能，在新出品的操作系统 Windows XP 中，WMA 是默认的编码格式。

WMA 这种格式在录制时可以对音质进行调节。同一格式，音质好的 WMA 文件可与 CD 媲美，压缩率较高的可用于网络广播。虽然现在网络上还不是很流行，但是在微软的大规模推广下已经得到了越来越多站点的承认和大力支持，在网络音乐领域中直逼 MP3，在网络广播方面，也正在瓜分 Real 打下的天下。因此，几乎所有的音频格式都感受到了 WMA 格式的压力。

（4）RealAudio。RealAudio 主要适用于在网络上的在线音乐欣赏，现在大多数的用户仍然在使用 56kbps 或更低速率的 MODEM，所以典型的回放并非最好的音质。有的下载站点会提示你根据 MODEM 速率选择最佳的 Real 文件。现在 Real 的文件格式主要有 RA（RealAudio）、RM（RealMedia，RealAudioG2）、RMX（RealAudioSecured）等。这些格式的特点是可以随网络带宽的不同而改变声音的质量，在保证大多数人听到流畅声音的前提下，令带宽较富裕的听众获得较好的音质。

近来随着网络带宽的普遍改善，Real 公司正推出用于网络广播的、达到 CD 音质的格式。如果你的 RealPlayer 软件不能处理这种格式，它就会提醒你下载一个免费的升级包。许多音乐网站，如 http://www.emusic.com 提供了歌曲 Real 格式的试听版本，现在最新的版本是 RealPlayer 9.0。

（5）WAV 格式。是微软公司开发的一种声音文件格式，也叫波形声音文件，是最早的数字音频格式，被 Windows 平台及其应用程序广泛支持。WAV 格式支持许多压缩算法，支持多种音频位数、采样频率和声道，采用 44.1kHz 的采样频率，16 位量化位数，因此，WAV 的音质与 CD 相差无几，但 WAV 格式对存储空间需求太大，不便于交流和传播。

（6）CD。CD 格式就是 CD 音轨。标准 CD 格式采用 44.1kHz 的采样频率，16 位量化位数，由于 CD 音轨可以说是近似无损的，因此它的声音基本上是忠于原声的，如果你是一个音响发烧友，那么 CD 是你的首选。CD 光盘可以在 CD 唱机中播放，也能用计算机里的各种播放软件来重放。一个 CD 音频文件是一个 *.cda 文件，这只是一个索引信息，并不包含声音信息，所以不论 CD 音乐的长短，在计算机上看到的 *.cda 文件都是 44B。不能直接复制 CD 格式的 *.cda 文件到硬盘上播放，需要使用像 EAC 这样的抓音轨软件把 CD 格式的文件转换成 WAV，在转换过程中，如果光盘驱动器质量过关而且 EAC 的参数设置得当，可以说基本上无损抓音频。

（7）OGG。OGG 是一种先进的有损音频压缩技术，正式名称是 Ogg Vorbis，是一种免费的开源音频格式。OGG 编码格式远比 20 世纪 90 年代开发成功的 MP3 先进，它可以在相对较低的数据速率下实现比 MP3 更好的音质。此外，Ogg Vorbis 支持 VBR（可变比特率）和 ABR（平均比特率）两种编码方式，它还具有比特率缩放功能，可以不用重新编码便可调节文件的比特率。OGG 格式可以对所有声道进行编码，支持多声道模式，而不像 MP3 只能编码双声道。多声道音乐会带来更多临场感，欣赏电影和交响乐时更有优势，这场革命性的变化是 MP3 无法支持的。随着人们对音质要求的不断提高，OGG 的优势将更加明显。

（8）AAC。ACC（高级音频编码，Advanced Audio Coding）是一种高压缩比的音频压缩算法，压缩比远远超过了 MP3 等较老的音频压缩算法（可达 20∶1）。目前，苹果的 iPod 和其他一些高档 MP3 随身听均已对 AAC 音频格式提供了支持。AAC 音频采用 AAC 或 MP4 作为文件扩展名。

7.3　其他常用程序的介绍

（1）金山词霸是金山公司的著名产品，最新版本为 2011，是目前最常用的翻译软件，具有中英文互译、单词发声、屏幕取词等众多功能，是装机必备的软件之一。

（2）Adobe Acrobat Reader 是一个非常受用户欢迎的阅读和打印 PDF 文档的工具。

（3）虚拟光碟（Virtual Drive）软件是一套仿真光盘工具软件，它能够将光盘上的所有应用软件和资料压缩成一个虚拟光碟文件（*.vcd），存放在指定的硬盘上，并在产生一个虚拟光碟图标后告知操作系统，可以将此虚拟光碟视为光驱里的光盘来使用。所以当启动此应用程序时，不必再将光盘放入物理光驱中（没有物理光驱亦可执行），更不需要等待光驱的缓慢启动，只需在虚拟光碟图标上双击，虚拟光碟片便会立即载入虚拟光碟中执行，快速又方便。它与真正的物理光驱在功能与操作上是完全相同的。

（4）暴风影音是目前网络上非常流行、使用人数较多的一款简单易用的媒体播放器软件。它独创的 MEE 媒体专家引擎，可灵活调整解码器匹配策略，支持各种格式文件。多播放核心、多渲染方式的有机结合，可快速定位最佳渲染链，使播放更快、更清晰、更流畅。目前，它支持的文件格式多达 219 种，并且还在不断增加中，被誉为最聪明的万能播放器。

综合练习

1. 将本章习题附带的图片素材压缩后保存为一个自解压文件。

2. 使用 ACDSee 转换图像格式及调整图像曝光度，具体要求如下（图片素材见电子教学资源）：

（1）调整图像曝光度，将新疆风光.jpg 的曝光值设为 15，对比度设为 10，如图 7-29 所示，以原文件名进行保存。

图 7-29　新疆风光.jpg

图 7-30　宁静的校园.jpg

（2）调整图像大小，将宁静的校园.jpg 的宽度调整为 200 像素，保持原始的纵横比，如图 7-30 所示，以原文件名进行保存。

（3）转换图像格式，将油菜花.bmp 转换为 GIF 格式，如图 7-31 所示，以原文件名进行保存。

（4）将孔雀.bmp 转换为 JPEG 格式，如图 7-32 所示，以原文件名进行保存。

图 7-31　油菜花.bmp

图 7-32　孔雀.bmp

反侵权盗版声明

　　电子工业出版社依法对本作品享有专有出版权。任何未经权利人书面许可，复制、销售或通过信息网络传播本作品的行为；歪曲、篡改、剽窃本作品的行为，均违反《中华人民共和国著作权法》，其行为人应承担相应的民事责任和行政责任，构成犯罪的，将被依法追究刑事责任。

　　为了维护市场秩序，保护权利人的合法权益，我社将依法查处和打击侵权盗版的单位和个人。欢迎社会各界人士积极举报侵权盗版行为，本社将奖励举报有功人员，并保证举报人的信息不被泄露。

举报电话：（010）88254396；（010）88258888

传　　真：（010）88254397

E-mail：　dbqq@phei.com.cn

通信地址：北京市万寿路 173 信箱

　　　　　电子工业出版社总编办公室

邮　　编：100036